정의와 도시 (하)

베네치아에서 서울까지
콜라주의 풍경

백진 지음

효형출판

백진 지음

정의와
도시

(하)

베네치아에서 서울까지
콜라주의 풍경

목차

† 상 †

† 하 †

열하나 .

헤테로토피아 서울

　낡고 둔탁한 콘크리트조 건물 사이에 있어 더욱 그런 것일까? 하늘 아래 환하게 빛나는 거대한 크리스털 같다. 섬세한 장인의 손길로 조각한 은은하고 순결한 백금 덩어리를 보는 것 같다. 철골 구조체로 격자를 만들고 사이에 메시 패널을 댄 아치형 벽감을 안치시켰다. 조밀하게 분절된 2층부터 5층까지는 벽감을 수직으로 층층이 쌓았고, 머리에는 도머창이 삐죽 나온 망사르드 지붕을 앉혔다. 반복적으로 놓인 베이, 아치, 벽감 덕분에 수평과 수직 방향으로 무한 복제하는 스펙터클의 편린을 떼어 갖다 놓은 것 같다. 메시 패널에는 프레스 금형으로 눌러 찍어낸 프렌치 윈도의 문양이 조각되어 있다. 황금빛 몰딩으로 경계가 장식된 아치 너머, 검부러기처럼 프렌치 윈도의 그림자가 아른거린다. 시간 가는 줄 모르고 본체와 허체(虛體), 투명과 불투명, 얕음과 깊이, 열림과 닫힘 사이에서 상상의 맴을 돈다. 이것인가 싶으면 사실은 저것인 착시를 불러일으키는 무도회의 가면이다.

성수동에 들어선 이 건물의 원조는 1860년대 몽테뉴가에 완공된 일명 '오스만풍 건물'이라고 불리는 5층짜리 석조건물이다. 원조를 차용하되 무거운 석조의 굴레를 완전히 벗어던졌다. 오스만풍 건물은 '파리의 돌'이라는 별명

† 디오르 콘셉트 스토어

으로 불리는 루테시안 석회암을 거대한 육방체로 정교하게 잘라 차곡차곡 쌓아 지었다. 저층부는 다림질이라도 한 듯 반듯한 수평 줄눈이 또렷하게 파여 있고, 상층부는 전 층이 한 면을 이루는 것처럼 보이도록 표면을 매끄럽게 처리했다. 창이기도 문이기도 한 프렌치 윈도가 2층부터 5층까지 규칙적으로 배열되어 있다. 코너의 3층에는 까치발 위에 철제 펜스를 단 발코니를 매달아 건물에 우아함을 더했다. 5층에는 연속된 발코니가 띠처럼 건물 전체를 가로지른다. 도머창을 나란히 배치한 징크 지붕은 45도로 꺾여 빛이 대로로 막힘없이 들도록 배려한다. 저층은 상가, 2층부터 다락방까지는 상류층, 중산층, 저소득층, 하인이 거주한다. 바닥에서 꼭대기까지 한 건물 안에 파리의 모든 계층이 모여 사는 용광로 같은 주상복합건물이었다.

　오스만이 파리를 개조하는 동안 2만 동의 건물이 허물어지고, 대신 3만 동의 오스만풍 건물이 들어섰다고 한다. 줄과 높이를 맞추고, 같은 모티브로 장식하고, 한 블록의 길이를 다 채우는 오스만풍 건물 덕분에 파리의 모습이 확 바뀌었다. 오페라 애비뉴의 정돈된 모습이 대표적이다. 제국의 권력 중심인 〈튀일리궁〉과 〈루브르궁〉을 〈오페라 가르니에〉와 직선으로 이어주는 새로운 길로, 오스만이 벌인 도시 개조의 상징적 산물이었다. '도시를 어떻게 꾸미면 아름다울까?' 하고 묻는다면 아마도 모범답안으로 제시될 만하다. 30미터 폭의 반듯한 대로, 화강암 포장 블록이 꼼꼼하게 깔린 보도, 일정한 간격으로 늘어선 가로등, 높이, 색깔, 재료, 모티브를 맞추고 좌우로 정렬한 건축물, 초점이 되어 주는 바로크풍의 화려한 〈오페라 가르니에〉까지 모든 것이 완벽하다. 말끔히 정돈되어 있다. 무엇이 주제고, 무엇이 배경인지를 명확하게 보여준다. 어둡고 침침한 중세의 미로를 가르고 축선을 따라 거침없이 질주하는 대로를 향해 빛과 바람도 쏟아져 들어왔다. 도시 개조의 탁월한 모델로 파리가 부상하던 순간이다.

파리는 두 번에 걸쳐 불바르와 애비뉴라고 불리는 대로를 중세 도시 조직에 도입했다. 첫 번째 변신은 태양왕 루이 14세 시절로 거슬러 올라간다. 13세기에 축조된 성곽을 허물고 순환형 대로를 형성했다. '그랜드 불바르'의 기원이다. 불바르라는 말에 '경계' 또는 '경계를 따라 난 대로'

라는 의미가 있는 것도 이런 역사와 관련이 있다. 17세기 중엽부터 18세기에 이르기까지 벌어진 일들이다. 두 번째 변신은 1860년대에 센 주지사 오스만이 나폴레옹 3세의 권력을 등에 업고 벌였다. 1784년에서 1791년 사이에 루이 16세가 파리로 반입되는 상품에 대한 세금 징수를 목적으로 축조했던 성벽을 과감히 허물고 길게 뻗은 대로를 냈다. 도심지에도 아름드리 거목이 양쪽에 줄지어 선 대로를 의미하는 '애비뉴'를 새로 뚫었다. '오스만풍 건물'을 줄지어 세워 길 양편의 풍경을 미화하는 일을 같이 벌였다. 그 결정판이 오페라 애비뉴다.

서울에서는 성곽을 해체하여 빈자리를 따라 큰길을 놓는 일을 상상하는 것 자체가 불가능하다. 성곽이 놓인 곳이 인왕산, 북악산, 낙산, 목멱산 능선을 따라 오르락내리락하는 산지이기 때문이다. 하지만 서울에도 오페라 애비뉴와 엇비슷한 풍경이 생길 뻔했다. 한국전쟁이 야기한 폐허 위에 유럽형 주상복합건물을 종로, 세종로, 을지로 같은 간선로 주변에 일렬로 배치하고자 하는 꿈을 꾸었다. "토지수용령을 발동해서라도 정부가 주도해 4층 이상의 건물을 짓되 1층은 점포로 하고 2층부터는 주택으로 사용하면 토지 이용 효율도 높아지고 외국인들에게도 부끄럽지 않을 것."이라는 생각에서였다. 벽돌 또는 콘크리트 블록으로 벽체를 만들고, 다른 곳은 모르타르 뿜칠을 하더라도 도로에 면하는 부분은 타일을 쓰도록 정했다. 정문은 철제 셔터를, 창호는 스틸 새시를 사용하도록 못 박았다. 오스만풍 건물의 웅장함과 섬세함에는 미치지 못하였을지 모른다. 하지만 잿가루가 채 가시지 않은 폐허 속에서 타일 마감을 한 4층짜리 신축 건물들이 맞벽을 하고 늘어선 거리는 신천지의 풍경이었을 것이다. 갈월동에서 세종로까지 4층 상가주택으로 채워졌다면 어떤 일이 벌어졌을까? 광화문은 폭격을 맞아 하부 석축만 겨우 남은 채로 경복궁 동측에 유폐돼 있고, 일제강점기의 상징인 조선총독부 청사가 여전히 근정전을 가린 채 우뚝 서 있던 때다. 중앙청사로 쓰이던 희극의 주인공 조선총독부 청사를 〈오페라 가르니에〉처럼 가로의 초점으로 삼고 어정쩡하게나마 오페라 애비뉴를 흉내 내고 있었을까?

상가주택이 죽 늘어선 거리를 만드는 꿈은 간헐적으로 몇 군데 시도된 것 말고는 곧 폐기되었다. 오스만은 접하지 못한 철근콘크리트구조, 철골구조, 엘리베이터 등 수십 층의 건물을 지을 신기술이 이미 널리 쓰이고 있었다. 꿈꾸는 도시의 풍경도 자연히 바뀌었다. 저층 상가주택이 늘어선, 그리고 아름드리나무가 심겨진 30여 미터 폭의 불바르나 애비뉴가 아니라, 폭이 백 미터에 이르는 16차선 도로에 차들이 쌩쌩 내달리고 상업, 숙박, 업무용 마천루가 들어선 풍경을 선호했다. 낡은 주거를 빼내고 마천루를 짓는 줄기찬 변신을 실행했다. 주요 도로에 단층 건물은 들어서지 못하도록 규제하고, 4층 이상의 오피스를 짓도록 권장하다가, 필지를 묶어 대규모로 재개발해 마천루를 세우는 시기로 속히 이동했다. 주거를 몰아내고 상업용지로 바꾸어 마천루를 짓다 보니 거주하는 사람은 없고, 일하고 장사하는 사람이 주로 오가는 오피스 열도로 바뀌었다. 단시간에 일구어낸 마천루가 늘어선 도심지 간선도로의 풍경은 서울의 자랑거리다. '아름다운 거리'가 탄생했다. 도시 미화의 꿈이 드디어 이루어졌다.

하지만 거대 간선도로에 마천루가 즐비한 정돈된 서울의 이면에는 혼돈의 풍경이 여전히 남아 있다. 정글처럼 각자도생하듯 다른 높이, 재료, 색깔, 용도를 지닌 건물들이 어수선하게 뒤섞여 있다. 경복궁 서측에 자리한 서촌이라는 동네를 걸으며 그런 느낌을 받았다. 서양 고전 건축의 기둥, 보, 아치형 창, 그리고 안이 통 들여다보이지 않는 파란색 반사 유리를 조합한 은행, 옹벽처럼 무뚝뚝하게 쌓아 올린 연립주택의 측벽, 터줏대감이었던 단층 한옥, 전벽돌과 회벽으로 마감한 카페, 저 멀리 인왕산 봉우리가 눈에 들어온다. 우선 필지의 규모, 모양, 향이 제각각이다. 거기에 올라선 건물의 규모, 양식, 위치, 방향, 재료, 높이가 천차만별이다. 조각보 같은 불규칙한 밑판에 통일성이라고는 전혀 없는 들쑥날쑥한 건물들이 들어서니 혼란스러움이 배가 된다. 소통하며 무언가를 함께 만들어 가려는 의사가 전혀 보이지 않는다. 건물 사이를 메운 것은 포근한 마당이 아니라 을씨년스러운 주차장이다. 전면의 거대한 광로에는 차량이 질주한다. 도심 복판인데도 사막의 황량함이 물씬 배어난다. 주차장으로 언제 들이닥칠지 모르는 차량에 보행자가 겁에 질린 채 걷고 있다. 홀로 사막을 위태위태하게 건너는 외로운 낙타 같다.

도성 바깥이지만 정릉천 주변을 배회하다가도 비슷하게 느낀 때가 있다. 숭덕초등학교 학생들은 방과 후 냇가에서 물고기를 잡다가 귀가했다고 한다. 누군가가 1970년대의 기억을 더듬어 들려준 이야기다. 어느 순간 물길을 덮어 도로를 만들고, 다시 그 위에 거대한 교각을 세워 고가도로를 만들었다. 초등학교에 미안한 마음이 들었는지 교도소 담벼락 같은 방음벽을 빙 둘러쳐 주었다. 공기와 빛이 끊긴 지하로 유기된 냇가, 10차선 폭의 아스팔트 광로, 올망졸망한 어린아이들이 뛰노는 학교, 불투명한 판재와 플라스틱이 뒤섞인 방음벽, 거석 구조물을 연상시키는 공중도로, 고딕 첨탑을 우뚝 세운 교회. 남이야 무엇을 하든 아랑곳없이 제 갈 길을 가는 소통 불능 도시의 단상을 본다. 천을 따라 올라가면 도시 한옥이 밀집해 있던 동네가 나온다. 주인이 바뀌었다. 한옥을 밀어내고 여러 필지를 합한 후 5층짜리 공동주택이 우후죽순 들어섰다. 앞뒤로 조여 오는 공동주택 사이에 꼽사리 낀 단층 한옥이 초라하고 우스꽝스럽고 기이하다. 햇살이 들고 바람도 스쳐 가던 마당이었지만, 이제는 그림자에 삼켜진 채 사람의 기척조차 드문 침울함이 가득하다. 터줏대감이 아니라 불청객처럼 굴러들어 와 박힌 것 같은 착각마저 불러일으킨다.

서울을 거닐면서 마주하는 풍경은 때로는 충격적이다. "애니씽 고우즈(Anything goes)!"라는 말은 이런 때 쓰는 말이다. 뭐든 다 허용된 것처럼 가감 없이, 그리고 다듬어지지 않은 난잡함을 한껏 발산하고 있다. 서양과 동양이 뒤섞이고, 고전 시대, 근대, 현대가 나란히 얼굴을 들이민다. 원본, 변종, 키치가 뒤죽박죽 난마처럼 얽혀 있다. 하늘로 치솟다가 순식간에 땅바닥으로 충돌할 것처럼 내리꽂는 곡예를 경험하는 것 같다. 이런 충격적인 풍경 앞에서도 정신착란증에 시달리지 않고 버티어 내며 살아갈 수 있는 이유는 웬만한 부조화는 개의치 않는 내성이 생겨났기 때문일까?

이런 부조화한 서울의 풍경을 뭐라고 부르면 좋을까? 미셸 푸코가 이야기한 '헤테로토피아'라는 말이 떠오른다. 달라붙어 있기 어려운 것들이 한자리에 모여 있는 기이한 곳을 가리킨다. 연관성을 찾기 어려운 것들이 근거리에 모여 있는 인공의 장소다. 동물원이 좋은 예다. 아프리카 초원의 사자, 코끼리, 하마 그리고 뱀이 사는 방이 남극의 곰과 펭귄이 사는 방과 달랑 콘크리트 벽 하나를 사이에 두고 붙어 있다. 식물원 또한 헤테로토피아다. 열대관, 지중해관, 사막관이 유리 벽을 사이에 두고 나란히 모여 있다. 열대관 하나만 놓고 보아도 헤테로토피아다. 자카르타와 상파울루의 식생이 한자리에 모여 있다. 두 도시 사이의 거리는 자그마치 1만 6천여 킬로미터나 된다. 식물원은 헤테로토피아를 모아 놓은 헤테로토피아다. 서울의 풍경에도 헤테로토피아라는 말을 붙이는 것이 어색하지 않다. 서양의 고대, 우리나라의 근대 그리고 현대가 연달아 나타난다. 원본, 키치, 변종이 어깨를 맞대고 부끄럼 없이 서 있다. 한발 더 나아가 서울을 이중의 헤테로토피아라고 불러도 무방하다. 필지의 모양, 규모, 향이 제각각인 조각보 같은 밑판에 규모, 양식, 위치, 방향, 재료, 높이가 천차만별인 건물이 들어앉았기 때문이다. 밑판도 상판도 상대방에 대한 신경을 싹 끄고 각자도생하듯 난잡하다. 헤테로토피아 위에 헤테로토피아가 내려앉았다.

헤테로토피아에서 태어난 것이 우울했다. 유럽에서 태어났어야 한다며 운명을 거스르고 싶었다. 오스만이 정돈한 오페라 애비뉴의 어느 주상복합건물 2층에 있는 고급 주거 소유자의 자녀로 태어났어야 했는데 아쉽다. 블록의 모퉁이에 자리 잡은 깜찍한 노란 차양을 매단 카페 주인의 자녀로 태어났더라도 좋았을 것이다. 다시 태어날 수는 없는 노릇이니 부질없는 상상일 뿐이다. 하지만 헛꿈에서 깨어난 또 다른 이유가 있었다. 헤테로토피아가 꼭 부정적인 것만은 아니라는 생각이 어느덧 찾아들기 시작했다. 유럽에서 온 학생들과 대화하면서 깨달은 것이기도 하다. 그들은 이구동성으로 서울은 역동적이라고 했다. 파리와 베를린 같은 도시는 오히려 지루하다는 뉘앙스를 풍겼다. 하기야 서울은 난잡할지는 몰라도 지루하지는 않다. 시대, 양식, 형태, 높이, 재료, 모티브가 획획 바뀌고, 언제든 허물고 새 건물을 세울 준비가 되어 있기도 하다. 쉴 새 없이 전환하는 영화의 장면처럼 역동적인 가로 풍경 속에 지루함이 찾아들 틈이 없다.

혼잡하지만 역동적인 헤테로토피아 서울이 걸어갈 길은 무엇일까? 나폴레옹 3세와 오스만의 조합처럼 절대 권력자와 결탁한 불도저 시장이 다시 선출되어 부조화의 풍경을 오페라 애비뉴의 정돈된 풍경으로 바꾸는 것일까? 또하나의 헛꿈이다. 절대 권력과 결합한 불도저 시장은 한참이나 철 지난 조합이다. 무엇보다도 헤테로토피아의 잠재력을 무시하는 발상이다. 고전풍의 키치, 단층 한옥, 연립주택, 타일 벽돌로 치장한 카페, 그리고 인왕산 봉우리가 틈새로 삐져나온 풍경은 롤러코스터를 타는 것처럼 역동적이다. 어쩌면 헤테로토피아의 상황은 마치 진흙탕에서 피는 연꽃처럼 무언가 서울만의 특별한 장소가 탄생할 것

임을 예고하고 있다. 〈가회동 성당〉과 같은 건물도 헤테로
토피아에서 나올 수 있는 것이다. 한옥과 양옥 건물이 공
존하는 앙상블이다. 세상 어디에서 이런 건물을 볼 수 있
을까? 어느 건축주가 처음부터 이것과 저것을 뒤섞은 건
축물을 지어달라고 이야기할까? 아니면 그런 건축을 받아
들일 수 있을까? 유럽에서는 상상도 할 수 없는 건물이다.
헤테로토피아의 한국적 상황을 진지하게 고민하고 만든
멋진 콜라주다.

　도시공간으로는 다동을 예로 들 수 있다. 1970년대 초
재개발 계획을 세운 곳이다. 그런데 21세기를 훌쩍 넘긴

---

† 건축사사무소 오퍼스, 〈가회동 성당〉

시점에서도 여전히 현재진행형이다. 이미 실행된 곳과 아직 실행되지 않은 곳이 혼재하고 있다. 재개발을 하며 수십 층짜리 건물을 뒤로 물려 앉혔다. 전면 부분이 도로 일부로 활용되도록 땅을 미리 내놓은 것이다. 예기치 않게 IMF 사태가 찾아왔다. 미시행된 곳의 사업성이 불투명해졌고, 수십 년이 지난 지금까지도 재개발은 완결되지 않고 있다. 재개발이 이미 실행되어 건물이 뒤로 물러선 곳과 세월을 간직한 자잘한 건물들이 그대로 앉아 있는 곳이 연접해 있다. 정치인, 행정가, 계획가라는 지성인 집단은 멋진 도시의 청사진을 그렸지만 그대로 순식간에 진행되는 법은 없다. 그림은 그리지만, 완성은 더디다. 모든 것을 일순에 바꾸는 것은 불가능하다. 한두 해도 아니고 자그마치 수십 년, 때로는 수백 년이 걸리기도 한다. 깃털처럼 가볍고 순식간에 변신하는 일시성이 디지털의 속성이라면, 묵직한 육체를 가진 건축과 도시는 답답할 정도로 느리다. 누군가가 태어나서 생을 마감할 정도로 긴 시간이 걸린다. 이 과정에서 바뀐 것과 바뀌지 않은 것 사이의 중첩은 피할 수 없다. 이들 사이의 교묘한 공존을 벗어날 수 없다.

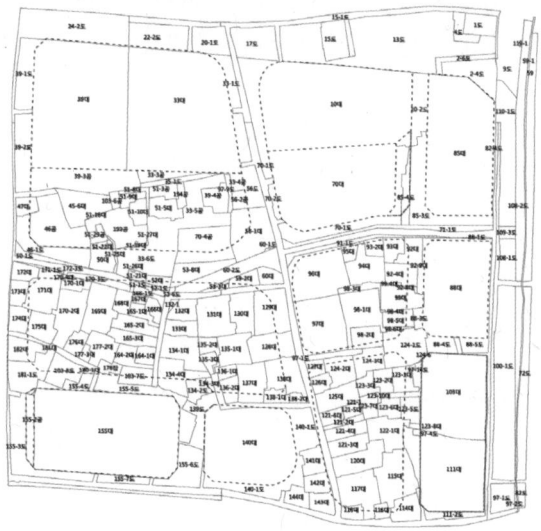

† 1974년 다동의 항공사진

† 합필을 통해 조성된 대형 필지와 소형 필지가 공존하는 다동

현대판 대로가 조선시대의 골목길과 맞닥뜨리는 기이한 공존이 연출되는 순간이 꼭 부정적인 것만은 아니다. 여기에서 기회가 움튼다. 재개발을 통해 고층 건물의 전면에 확보한 공지가 아직 도로 구실은 못 하지만, 대신 공원으로 쓰이고 있다. 법적으로 도로지만 실상은 공원으로 쓰이는 기묘한 상황이 탄생한 것이다. 한쪽은 마천루가, 다른 쪽은 자글자글한 가게들이, 도로이자 공원을 사이에 두고 마주 본다. 공원 주변으로 준공 연도, 용도, 재료, 위치, 모양이 다른 건물들이 중첩되면서 서로에게 부족한 것을 메꾸어 준다. 마천루의 넥타이 부대원들은 식사하고, 술을 마시고, 담배를 피우고, 잠시 쉬며 담소를 나눌 곳이 생겼다. 반대로 소상공인들은 저렴한 임대료로 생계를 꾸려 나갈 생각지 못한 기회가 주어졌다. 더디게 진행되는 재개발이 공존할 수 없는 것들의 공존으로 이어졌다. 도로가 공원으로 쓰이는 변종의 상황을 낳았다. 행정문서에는 올릴 수 없는 혼외자 같은 도로 겸 공원이 경제활동을 매개로 한 시민 연대의 중심이 되었다. 1970년대에 그린 청사진 속에는 담겨 있지 않은 일상의 풍경이다.

　서울의 거리는 오페라 애비뉴와 비교하면 아름답지는 않을지 모른다. 하지만 헤테로토피아의 생명력을 품고 있다. 콜라주의 연꽃이 피어날 가능성! 이것이 헤테로토피아 서울의 잠재력이다. 헤테로토피아는 척박한 사막이라기보다는 오히려 뒤죽박죽 생명력이 한껏 발산되는 열대림의 정글이다. 틀에 맞추어 잘라내고 정돈하고 규격화한 곳에서는 나올 수 없는 상상력이 꿈틀거린다. 잡종 같은 진기한 건물과 장소가 나타난다. 길과 필지가 정글처럼 얽힌 혼돈 속에 어쩌면 아무도 예측하지 못한 파격적인 접목과 상생의 순간이 움트고 있는지도 모른다. 엉키고 뒤얽힌

것들이 혼돈의 세계를 탈출해 의미를 품고 영롱하게 튀어 오를 준비를 하고 있다. 잡초처럼 뒤엉킨 헤테로토피아에서 만들어지는 건축물과 도시는 순종이 아니고 잡종이다. 도시가 추구하는 것은 아름다움일까, 아니면 활기찬 생명력일까? 순종의 아름다움과 잡종의 활기찬 생명력을 두고 고르라면 무엇을 택할까? 아름다움이 중요하다는 것을 부인하지는 않지만 앞서 챙겨야 할 것은 활기찬 생명력이다. 틀에 짜맞춘 생기 없는 아름다움보다는 다른 계층, 직업, 연령대, 성별이 연대하며 생명력 넘치는 일상이 펼쳐지는 도시. 이것이 중요한 지향점이다.

첫머리에 언급한 성수동에 들어선 콘셉트 스토어는 헤테로토피아에 내려앉은 19세기 파리의 분신이다. 프렌치 윈도와 발코니를 내달고 다른 건물과 줄을 맞추어 서서 아름다움과 활기가 넘치는 파리를 만든 오스만풍 건물이, 명장이 정성껏 만든 거대한 보석 공예품으로 변신하여 성수동에 내려앉았다. 본체와 허체, 투명과 불투명, 얕음과 깊이 사이를 끊임없이 오가는 지각의 유희에 시간 가는 줄 모른다. 유혹하려고 작정한 꼴이다. 키치, 즉 예술의 외양을 취하면서도 사회의 내재적 문제를 드러내거나 도전장을 내미는 비판적 성격이 결여된, 철저히 상업적인 문화 산업의 산물로 이보다 적합한 사례도 없을 것이다. 테오도어 아도르노는 할리우드 영화에 비극은 사라지고 기계적이고 반복적으로 카타르시스를 생산하는 메커니즘만이 남았다고 비판했다. 성수동에 내려앉은 이 콘셉트 스토어에서도 비슷한 인상을 받는다. 보금자리를 잃고 외곽으로 밀려난 이들의 아픔, 새 건물의 저층부를 차지한 신흥 부르주아 계층의 우아한 일상, 매번 5층까지 계단을 오르내리면서도 낮은 임대료에 감사하던 하층민, 지상층에 자리한 무명 브랜드의 점포들, 시민들을 격의 없이 한데 모아주던 모퉁이에 자리한 프렌치 카페 – 오스만풍 건물이 담았던 진솔한 삶의 이야기는 크리스털이 빚어낸 환각 속에 묻혀 기억 저편으로 사라지고 없다.

그래도 고마운 것이 있다. 성수동에 내려앉은 19세기 파리의 파편 덕분에 서울을 되돌아볼 생각을 하게 된 것이다. 신명 나게 개발해 온 서울의 모습을 반추하고 헤테로토피아 같은 혼돈, 매력, 잠재력을 자각하고 앞으로 어떤 연꽃이 피어날지 상상해 보는 자극제가 되었다. 난세에 영웅이 나고 진흙탕에서 연꽃이 핀다고 하지 않았던가? 잡초 속에서 어여쁜 꽃을 단 질긴 들풀을 발견할 때의 기쁨과 마찬가지로 생기 있는 일상을 지탱해 주는 헤테로토피아의 명소를 생각지 못한 곳에서 만나는 것은 감동적이다. 언뜻 보면 난잡하고 혼란스러워 보인다. 심지어는 추하게 보일지도 모른다. 눈을 확 잡아끄는 키치의 화사함과 비교하면 더 볼품없어 보인다. 하지만 찰나적 아름다움을 지향하지 않는다. 오스만풍 건물, 거목이 드리운 가로, 이면의 중세 건물, 코너의 프렌치 카페는 서로 앙상블을 만들어 만날 수 없는 사람들이 거리를 오가며 이어지도록 했다. 파리의 눈부신 아름다운 시절을 일구어내는 데 혁혁한 공을 세웠다. 헤테로토피아의 명소도 마찬가지다. 만날 수 없는 것들, 그리고 만날 수 없는 사람들이 이어진다. 삶의 활기와 생기가 넘치고 창의성이 배양된다. 어쩌면 서울의 희망은 이미 말끔하게 정돈된 아름다운 곳에 있지 않다. 이름 모를 잡초가 우거져 정글처럼 난잡한 헤테로토피아에서 수많은 연꽃이 망울을 터뜨리는 장관을 기다린다.

열둘.

모노토피아 서울

메트로폴리스의 진원지인 파리의 인구는 과연 얼마나 될까? 210만 명이다. 19세기 말부터 제1차 세계대전 전까지 벨 에포크(Belle Époque), 즉 세상에서 가장 생기롭고 찬란한 시절을 누리던 도시다. 서울과 도쿄를 포함하여 메트로폴리스로 변신을 꾀하던 수많은 도시가 흠모했던 세계적인 모범 도시 중 하나다. 그런 파리의 인구가 겨우 210만 명이라니 조금 당황스럽다. 천만 명은 될 줄 알았는데…. 부산이나 대구보다도 적다. 파리의 인구는 19세기 말 250만 명에 이르고, 1920년 무렵 290만 명으로 정점에 달한다. 이후부터는 완만한 하강 국면을 유지하다가 현재 수준이 된 것이다. 참고로 파리를 포함한 대권역인 일드프랑스의 인구는 1,130만 명이다.

서울의 인구는 944만 명이다. 3백만 명에 도달한 시점이

1960년대 초였다. 정부는 3백만 명 미만으로 인구를 유지하는 길 대신, 우림의 대나무처럼 도시가 공격적으로 자라도록 내버려두었다. 수직으로 상승한 인구는 1980년대 말에 천만 명을 찍게 된다. 30여 년 만에 7백만 명이 늘어난 것이다. 최고점에 이른 때인 1992년의 인구는 1,093만 명이었다. 현재는 천만 명 아래로 떨어져 완만한 하강 국면을 그리고 있다. 높은 주거비를 감당하지 못해 인근으로 빠져나가고 배후 신도시가 건설되면서 약 2,500만 명에 달하는 매머드 광역도시 '수도권'이 탄생하였다.

우리나라와 프랑스의 국가 인구를 대입해 보면 서울의 특수성이 더 도드라진다. 프랑스의 인구는 6,800만 명이고, 우리나라의 인구는 5,150만 명이다. 프랑스 전체 인구 중 파리 인구의 비율은 약 32분의 1이다. 반면에 우리나라는 약 5분의 1이다. 인구가 많지 않은 나라에서 만들어낸 천만 명의 도시라는 규모 자체도 놀랍지만, 이를 성취하는 과정에서 형성된 인구의 재배치와 집적도는 더욱 놀랍다. 단순 비교로는 한계가 있지만 6,800만의 나라가 210만짜리 수도를 갖고 있는데, 5,150만의 나라에 천만짜리 수도

정의와 도시 (하)

가 만들어진 것은 아무리 생각해 봐도 기이한 일이다. 사실 천만에 이르렀을 때가 1988년으로 당시 인구가 4,200만 명 정도였다는 것을 고려하면 더욱 기적 같은 성취다.

천만 명 이상이 거주하는 도시를 가진 국가 리스트를 뽑아보니 열네 개다. 우리나라는 열네 개국 중 전체 인구가 가장 적은 나라다. 다음으로 가장 인구가 적은 나라는 튀르키예다. 튀르키예의 인구는 8,700만 명에 이른다. 우리나라보다 무려 3,300만 명이 많다. 엄청난 규모의 격차다. 매일 같이 '천만' 소리를 듣다 보니 무감각해졌었다. 하지만 서울은 현저히 작은 모수에서 만들어진 그야말로 값진 천만 도시다. 세계 도시의 역사를 놓고 보면 계량적 성장의 극치가 바로 이곳 대한민국에서 일어난 것이다. 서울은 기이한 결과물로 특별 대접을 받아야 한다. '한강의 기적'의 또 다른 얼굴이다.

그래서일까? 특별한 도시 서울에는 각종 세계기록이 넘쳐난다. 파리의 가장 큰 백화점은 갤러리 라파예트로 매장 면적은 7만 제곱미터다. 다음으로는 프렝탕, 봉 마르셰, 르 베아슈베 마레인데, 그 크기는 대략 5만 제곱미터다. 축구장으로 환산하면 갤러리 라파예트가 열 개, 나머지 세 곳은 일곱 개 규모다. 서울은 어떨까? 여의도 현대백화점의 규모가 8만 9천 제곱미터, 강남 신세계백화점이 8만 6천 제곱미터를 넘는다. 신세계 본점, 롯데 본점도 규모가 비슷하다. 모두 축구장 열셋에서 열여섯 개가 들어가는 초거대 백화점들이다. 축구장 열 개로는 명함도 못 내민다. 도심에 자리 잡은 롯데월드몰 복합 단지는 55만 4천 제곱미터로 축구장 여든한 개 규모다. 입이 떡 벌어진다. 그러고 보면 555미터 높이의 123층 〈롯데타워〉에서도 5,150만의 나라가 만들어낸 기적 같은 천만 도시 서울의 기개와 기상이 느껴진다. 3만 명이 모여 사는 아파트 단지도 있다. 2만 6천여 명을 수용하는 예배당을 가진 대형 교회가 전혀 이상하지 않다. 서울 시민이 묻힐 축구장 수십 개 규모의 묘지 공원도 수도권에 포진해 있다. 그중 하나는 41만 제곱미터로 축구장 육십 개 규모다. 이 모든 것들은 곱씹을수록 기이하다. 인구가 10억은 아니어도 2억이나 3억 명은 되는 나라에서 벌어진 일이 아니다. 5,150만 명의 사람이 모여 사는 동방의 반도 국가에서 벌어진 일이다.

현기증을 느꼈던 기억이 떠오른다. 〈롯데타워〉가 들어서자 스케일감에 혼돈이 와서 뇌가 흔들렸다. 잠실 사거리에 들어선 15층짜리 아파트 단지, 반대편에 선 36층의 주상복합 아파트, 그리고 다시 대각선 방향에 들어선 32층의 호텔은 하나같이 거대한 건물이다. 건물이 높아 봤자 5층도 채 되지 않았던 시골에서 올라온 이에게는 눈이 휘둥그레지는 덩치의 건물이다. 찬사를 받을 만한 문명의 자랑거리다. 하지만 역시 내가 아는 것이 세상의 전부가 아니었다. 2015년 겨울 무렵 초고층 〈롯데타워〉의 위용이 드러나던 날 세상이 흔들렸다. 36층의 주상복합 아파트와 32층의 호텔은 갑자기 난쟁이가 되었으며, 15층의 아파트는 초라한 성냥갑이 되었다. 핸드폰을 들고 사진을 찍는데 아래를 잡으면 위가 잘리고, 위를 잡으면 아래가 잘렸다. 거대한 것이 갑자기 더 이상 거대하지 않고 주먹만 해지는 느낌!

'자글자글함', '포근함', '아기자기함'. 이런 단어들은 이제 기억에도 없다. 쌍수를 들고 환영하며 '거대함'을 향해 순식간에 달려왔다. 다시 '거대함'을 부정하고 '초거대함'을 향해 거침없이 진군해 왔다. 잠시 멈추어 서서 질문을 던져본다. 다시 한번 '초거대함'을 부정하고 미지의 극대 규모를 향해 돌진할 수 있을까? 한 번 더 용을 써서 천장을 뚫고 극한으로 상승해 올라갈 수 있을까? 123층이 무슨 대수인가? 세상에는 더 높은 건물도 많다. 아랍에미리트에는 162층에 높이만 828미터에 이르는 〈부르즈 할리파〉가 있지 않은가? 이미 달성한 '초거대함'은 졸렬하다. 그저 과정일 뿐이다. '초거대함'을 넘어 극한의 규모를 향한 도정을 다시 시작해야 한다. 다음 마천루는 최소 163층 이상은 되어야 하겠다. 20만 제곱미터의 백화점을 만들고, 5만 명이 운집하는 초대형 예배당을 짓는 꿈도 꾸어 본다. 80만 제곱미터짜리 공동묘지도 필요하다. 단, 극대를 향한 도약을 위한 선결 조건이 있다. 서울 인구를 1,500만이나 2천만 명 정도로 키워내야 한다. 5,150만 명이 있으니 산술적으로 가능한 이야기다. 겨우 5분의 1을 집적시켰을 뿐이다. 5분의 4가 남아 있지 않은가?

이론적으로만 가능한 몽상이다. 임계점에 다다랐다. 서울 인구는 천만 명 미만이 된 지 오래고, 회복할 기미가 쉬이 보이지 않는다. 나라 인구도 급격히 줄고 있다. 전국 합계출생률은 한때 0.78을 기록하더니 바닥을 모르고 더 내려가고 있다. 가히 충격적이다. 더 충격적인 것은 서울의 합계출생률은 이보다 훨씬 낮은 0.59로 하락했고, 미래에 이 수치가 개선될 가능성도 현저히 낮다. 0.78과 0.59 사이를 오가거나, 더 내려갈 가능성이 크다. 극적인 반전이 일어나 인구 유지는 가능하다는 2.2 정도로 출생률이 올라서도 이미 청년 인구가 확 줄어든 후의 반전이라 인구 회복은 요원하다. 시간문제일 뿐 대한민국의 소멸이 목전에 다가왔다. '거대함'을 넘어 '초거대함'을 성취한 백화점, 교회, 아파트 단지, 공동묘지가 살아남는 방법은 기껏해야 제로섬 게임의 승자가 되는 길이다. 남의 것을 뺏어 와야만 하는 힘겨운 싸움이다. 집단 전체로 보면 누군가의 먹거리를 빼앗아 이루어낸 반쪽짜리 승리일 뿐이다.

'초거대함'을 향해 질주해 온 서울의 모습은 '모노토피아'라고 부를 만하다. 모노토피아는 주변의 자글자글한 것들을 싹쓸이하여 흡입한 블랙홀들의 조합으로 이루어진 도시다. 초거대 아파트 단지는 단독주택, 다가구, 다세대주택, 소규모 공동주택을 죄다 빨아들여 거대한 섬을 만들었다. 수만 명의 신도를 거느린 대형 교회는 자그마한 소교회들을, 축구장 열여섯 개가 들어가는 백화점은 자글자글한 구멍가게들과 동네의 슈퍼마켓을, 그리고 축구장 육십 개가 들어가는 공동묘지는 자잘한 공동묘지를 빨아들였다. 소소한 것들을 지우고 거대함을 향해, 그리고 다시 초거대함을 향해 몰입하고 집중하는 극단의 도정이다. 한계를 설정하는 것을 거부하고 무한을 향한 질주가 만들어 낸 기이한 도시공간 구조가 모노토피아다.

초거대 규모의 블랙홀이 도심 곳곳에 들어서기 위해서는 무언가가 자리를 내주어야 한다. 굴러들어 온 돌이 박힌 돌을 빼내는 격이다. 밀려난 것들을 보면 넓은 대지를 차지하고 들어선, 그리고 기피 시설로 낙인찍힌 것들이 다수다. 그중에서도 교정시설의 이전 역사는 모노토피아의 진화와 밀접하게 맞물려 있다. 〈마포교도소〉와 부속 농장 및 벽돌 공장은 아파트와 관공서를 짓느라 안양으로 밀려났고, 〈영등포교도소〉 역시 관공서와 아파트를 짓겠다고 서울과 경기도의 접경으로 내보내졌다. 교도소는 관공서가 아닌 걸까? 수도권에서도 비슷한 일이 벌어졌다. 허허

벌판일 때 지어 놓은 〈수원교도소〉를 여주와 이천의 경계에 자리한 격오지로 이전시켰다. 여주법원에서 멀리 떨어진 곳이다. 이천, 여주 시내와도 먼 괴이한 위치다. 교도관 입장에서는 참으로 근무하기 힘든 곳이다. 〈수원교도소〉를 내보낸 자리에는 2천 세대 이상의 대단지 아파트가 들어섰다.

특정 시설을 기피 시설이라 낙인찍고, 지자체끼리, 이웃끼리 갈라서서 상대방에게 떠넘기려는 님비 현상은 모노토피아의 유산 중 하나다. 모노토피아는 배척과 배타를 정상적인 것으로 포장하여 도시공간을 조작하고, 이 조작된 공간 속에서 반세기 이상을 살다 보면 '원래 도시는 이런 공간 구성을 하고 있구나'하고 미혹되고 만다. 편집된 도시다. 들일 것과 소거할 것을 구분한 후 재단한다. 규모를 키워 자그마한 것들을 잠식해 시야에서 지워버린다. 표준화, 계량화, 균질화를 무기로 공급과 소비의 무한 순환을 부추기고, 거대한 자본의 축적이 이루어지는 배양지가 모노토피아다. 뿌리를 내려야 할 정도로 특별한 공간이란 없다. 좌표 체계상 다를 뿐이다. 정착은 정체고 퇴보일 뿐이며 판이 언제 어떻게 바뀌는지 온 인맥을 동원하여 정보를 좇고 흐름을 타서 옮겨 가고 다시 또 미련 없이 이동할 준비를 해야 한다. 정박하지 못하고 부초처럼 떠도는 것이 모노토피아의 삶이다.

잡스러운 것들이 뒤죽박죽 얽힌 정글 같은 헤테로토피아보다 우울한 것은 동질의 것이 수평, 수직으로 무한히 확장하며 공간을 점유하는 모노토피아다. 헤테로토피아의 진흙탕에서는 연꽃이 피어날 수도 있지만, 모노토피아의 단조로움은 그 무엇도 길러내지 못한다. 블랙홀과 블랙홀 사이를 자동차로 바삐 오가는 동안 몸은 노곤해지고, 편견은 배양되고, 상상력은 빈곤해진다. 단절된 섬처럼 선거대한 건물들, 자물쇠를 걸어 잠근 단지들, 활주로 같은 광로, 초거대 상업 시설, 운동장처럼 휑한 주차장. 이들 사이를 가르며 자동차로 여기저기 흘러 다닌다. 아늑하게 정박할 곳이라곤 마치 새가 둥지를 틀듯 고층 아파트 어딘가에 들어앉는 순간 정도다. 둥지를 벗어나면 어김없이 지하로 내려가 구두 역할을 하는 자동차를 타고 나와서 - 이상이 긴자를 두고 한 표현이다 - 광로를 가르며 휙휙 날아다

니다 주차장으로 이동하고 거대한 건물 속으로 빨려 들어
간다. 30여 평짜리 둥지와 수만 평의 거대한 복합 건축물,
그리고 중간의 광로. 극소와 극대가 중재 없이 조우한다.
둘 사이의 자글자글한 그러데이션은 소실된 모노토피아
의 풍경이다. 헤테로토피아보다 우울한 모노토피아다.

열셋.

다발성 원형탈모 도시 서울

2020년 건축계의 노벨상인 프리츠커상을 받은 이소자키 아라타의 건축세계에는 특이한 점이 있다. 일본 문화에 관심이 많던 시절, 아예 일 년여를 도쿄에 살며 전국 답사를 한 적이 있다. 사찰, 신사, 궁, 정원, 근현대 건축물 등 곳곳에 볼거리가 많았다. 이소자키의 작품에도 호기심이 생겨 탐정처럼 지도에 일일이 그가 설계한 건물의 위치를 표시해 가며 찾아다녔다. 도쿄, 츠쿠바, 오사카, 교토, 후쿠오카, 그리고 이소자키의 고향 땅인 오이타까지 부지런히 나돌아 다녔다. 이소자키를 직접 만나 궁금한 점을 캐묻기도 하였다. 지적으로 탁월한 건축가라는 인상을 강하게 받았다. 하지만 고백하건대 작품 자체에는 그리 큰 감동을 받지 못하였다. 이소자키는 물음표 모양으로 건물을 만들고 '기호학'적인 해석을 가져다 붙이기도 하고, 미켈란젤로가 캄피돌리오 광장에 사용한 디자인 언어를 장난스럽게 뒤섞으며 재해석하기도 했다. 지적이고 유희적인 접근으로, 이소자키의 반항 정신을 표출하고 있다. 1970년대와 1980년대 한창 부흥하던 일본의 자긍심에 기름을 붓는 국가적 상징을 잔뜩 갖춘 디자인을 요구받았던 모양이다. 이소자키가 제시한 것은 동문서답형, 불복형 아니면 희화형이었다. 일본인의 의식 근저에 깔린 순혈적 순수성과 우월성에 대한 환상에서 벗어난 듯, 동서양을 뒤섞은 건축물을 디자인한 것이다. 도쿄대 재학 시절 학생운동에 참여했던 전력이 건축에도 투영된 것 아닌가 싶다.

내게 오래도록 감동을 준 것은 이소자키의 건축 작품이 아니라 두 장의 이미지다. 하나는 〈미래도시〉라고 이름 붙여져 있다. 제목만 들으면 중동의 사막도시 네옴을 떠올리며 '얼마나 멋진 신세계가 유려한 이미지로 그려져 있을까?' 하고 궁금해할 것 같다. 하지만 기대와는 완전 딴판이다. 그려진 것은 폐허다. 규모 9.0 정도의 지진이 쑥대밭으로 뭉개고 간 후 급히 재건한 도시 같다. 고대 그리스 신전의 과장된 도릭 오더의 주신(柱身)이 원시 거석처럼 우뚝

† 이소자키 아라타, 〈미래도시〉(1962)

서 있다. 거석 기둥과 보를 얼추 갖춘 구조물도 보인다. 한 거석 주신의 밑동은 콘크리트로 타설한 원형 기둥의 하부 구조로 차용된다. 콘크리트 타워를 세우고 사이에 트러스 구조를 걸어 아파트나 오피스로 쓰일 법한 구조물을 매달았다. 땅바닥에는 트러스 구조물 일부가 본체에서 이미 탈구되어 나뒹굴고 있다. 지상에는 광장과 주차장이 보인다. 차량 전용 고속도로가 전면을 가르고, 도심지로 진입할 수 있도록 곁가지 경사로도 마련되어 있다. 지상은 보행자에게 할애하고, 차량은 고가도로로 다니게 하는 보차분리도 실현하고 있다. 기둥을 비워 만든 엘리베이터를 통해 공중에 매달린 주거와 업무공간으로 이동한다. 나름 논리적 체계를 갖춘 도시다. 작동하는 폐허다.

6년 뒤, 이소자키는 미래도시의 청사진을 다시 한번 제시한다. 역시나 청사진이라고 하지만 장밋빛 흔적은 없다. 처절한 폐허다. 지진이라는 자연재해뿐만 아니라 기술 문명이 야기하는 종말론적인 파괴를 투사하고 있다. '리틀보이'라는 아이러니한 이름으로 1945년 8월 6일 히로시마에 투하된 인류 최초의 원자폭탄이 만들어낸 순전한 '허

(虛)'의 기억을 담고 있다. 35만 명이 살던 도시였다. 스시를 먹다가, 전차를 타고 창밖을 멍하니 바라보고 있다가, 놀이터에서 뛰놀다가, 위염으로 진료를 받다가, 차 한 잔을 시켜놓고 수다를 떨다가 8만 명이 그 자리에서 즉사했다. 피폭으로 몇 달 사이에 추가로 6만여 명이 숨졌다. 생존자들은 암과 백혈병에 걸려 헤어날 수 없는 고통스러운 삶을 살았고, 다음 세대로도 질병 유전자가 어김없이 이어졌다. 폭심 2킬로미터 이내의 건물들은 깡그리 파괴되었다. 광고판, 네온사인, 장식물 등 피상적인 표층이 사라지는 것은 물론이고 목재, 콘크리트, 철근, 벽돌로 구축된 건축물의 뼈대마저도 먼지로 사그라들었다. 운 좋게 살아남은 대로변의 철근콘크리트조 건물 두 동이 완벽하게 잿더

---

† 이소자키 아라타, 〈미래도시의 파괴〉(1968)

미가 된 허허벌판에 서 있다. 기괴한 철골 구조물의 거대한 잔해도 보인다. 과시적이고 허황된 유토피아의 흔적들이다. 자연재해와 기술 문명의 파괴적 속성 앞에 맥을 추지 못하고 앙상한 골조와 잔해만 남았다. 산산이 부서진 충격적인 폐허의 풍경은 물신론을 완전히 사그라뜨린다. 건축 자체의 종말, 아니 도시 자체의 종말이다. 이 이미지에는 종말론적인 문구가 딸려 있다.

"도시는 무너지고 파괴되기 마련이다.
미래도시의 모습은 폐허다."

이소자키가 그린 미래도시의 모습은 독특하다. 무상함을 떠올리게 한다. '없음(無)'과 '영속성(常)'을 결합하여 우주적 차원으로 승화시킨 무상의 원리가 철저하게 반영되어 있다. 모든 것은 '아니트야(Anitya, 無常)', 즉 '필연적인 변화'의 법칙 안에 있다는 석가모니의 가르침에서 유래한 것으로, 나가르주나가 대승불교의 핵심 원리로 정착시켰다. 때가 되면 삼복중염도 물러나고 선선한 가을이 온다. 생기라고는 전혀 없는 적막하고 메마르고 냉랭한 대지에도 봄이 오면 기적처럼 신록의 싹이 돋는다. 고착을 부정하고 변화의 사이클을 돌리는 자연의 절기는 무상의 좋은 예다. 하지만 이소자키가 긍정하는 무상은 예측 가능한 계절의 순환에 국한되지 않는다. 불현듯 찾아와 쑥대밭을 만들어 놓고 유유히 사라지는 홍수, 화재, 지진을 받아들인다. 사실 일본의 자연이 유순하고 아름답다는 것은 실상의 왜곡이다. 예기치 않게 갑자기 분출하여 만상을 뒤흔들어 놓을 야만적이고 파괴적인 힘을 언제나 응축하고, 터뜨릴 순간만 째깍째깍 기다리고 있다. 1891년의 노비 지진, 1923년의 간토 대지진, 1995년의 한신 대지진 그리고 2011년의 도호쿠 대지진 등 역사에 기록될 정도로 큰 사건만 적어 봐도 여럿이다. 무상을 떠올리게 하는 건 또 있다. 기술 문명의 종말론적 타격이다. 질량과 에너지 사이의 등가원리가 핵분열과 만나 탄생한 원자폭탄은 이미 종말론적 타격이 무엇인지 보여주었다. 작금에 만들어지는 핵폭탄과 수소 폭탄의 위력은 '리틀 보이'와는 비교가 안 된다. 최소 3,300에서 최대 2만 배 이상 강력하다. 하나라도 터지면 수백만 명이 즉사하고, 반경 수십 킬로미터의 구조물은 잿더미로 변할 것이다. 계절의 순환, 자연재해의 엄습, 기술 문명의 타격 – 겹겹이 쌓인 무상의 심층 구조다.

이소자키의 〈미래도시〉에 드리운 종말론적인 분위기는 애써 부정하고 싶다. 영원한 불안정성이 떨쳐버릴 수 없는 운명처럼 도시에 각인되어 있다니 침울해진다. 하지만 그의 도시에는 수긍 가는 구석이 있다. 백지상태에 신기술을 가득 채운 여느 유토피아와 대척점에 서 있다. 남들은 다 기존 도시를 흔적도 없이 밀어버리고, 신기술에 기반한 장밋빛 청사진을 현란한 수사로 장식한 이미지를 생산해 냈다. 이소자키는 다르다. 과거의 것이 흔적도 없이 사라지는 도시를 꿈꾸지 않는다. 파편으로 박제되어 박물관에 유물로 전시된 도시를 꿈꾸지도 않는다. 영원불변할 것 같은 신기술을 가득 채운 도시가 아니라 신기술은 곧 헌 기술이 된다는 사실을 받아들인다. 과거의 것이 흔적도 없이 사라지는 대신, 새로운 것과 만나 짜깁기를 한다. 헌것을 새것과 엮어 쓸 만한 새끼줄이 재차 만들어진다. 지진, 기후변화, 기술 문명이 분출하는 파괴적 힘을 담담히 받아들이며

　　　　　　정의와 도시 (하)

끊임없이 덧대어 만들어 나가는 도시를 그려낸다.

이소자키가 미래도시의 모습으로 제안한 폐허는 반세기 전 한 아방가르드 건축가가 내지른 치기 어린, 그리고 철 지난 도발로만 간주할 일이 아니다. 남의 이야기만도 아니다. 현대 도시에는 폐허의 그림자가 아른거린다. 겹겹이 쌓인 무상의 심층 구조가 더 강력해진 것 같다. 기술 문명의 어두운 면을 관리하는 일은 국제기구와 각국 정부가 극적으로 공적 합의를 도출해 내고, 이 합의가 잘 이행된다고 치자. 하지만 훨씬 포악해진 자연재해가 엄습할 것이다. 엄청난 파괴력을 발산하면서. 제어할 수 없는 자연재해의 파괴적 힘이 분출될 곳은 망망대해의 한복판이나 인적이 드문 산골이 아니다. 사람이 많이 모여 사는 곳이라며 '거대도시'를 일부러 비껴가는 자비 따위는 없다. 목표물을 가리지 않고 달려든다. 자연재해에 취약한 거대도시를 일부러 먹이로 삼은 양 야만적 힘을 마음껏 분출하며 쑥대밭을 만들고 갈는지도 모른다. 지면 아래를 수십 미터나 파고, 그 위로 수백 미터를 올린 고층 건물들이 레고처럼 늘어선 곳이다. 하나가 무너지면 연속으로 줄줄이 넘어지는 도미노 놀이를 즐기는 자연의 야만성이 극치에 달할지도 모른다.

자연재해가 아니라도 거대도시의 운명이 밝지만은 않다. 에른스트 프리드리히 슈마허라는 도시경제학자는 도시를 풍선에 비유했다. 처음에 공기를 불어 넣어 키워나갈 때는 신이 났다. 인구 4만이나 5만 명의 폴리스급 도시가 수십만에서 2백만 명이 모여 사는 메트로폴리스로 진화한다. 다시 욕심을 내어 메트로폴리스급 도시에 바람을 훅훅 불어 넣는다. 메트로폴리스 서너 개 이상의 덩치를 가진 메갈로폴리스, 즉 거대도시가 탄생한다. 천만을 넘어 수천만 명이 모여 사는 도시가 놀랍지 않은 시대는 이렇게 도래하였다. 20세기와 21세기의 문명이 일구어낸 전대미문의 위대한 역사적 성취다. 하지만 안타까운 점이 있다. 무한대로 덩치를 키우고자 하는 인간의 욕망은 사그라들지 않는다. 이미 팽팽해진 거대도시라는 풍선에 슬금슬금 공기를 주입한다. 어리석은 일이다. 임계점에 도달하여 일순간 '펑' 하고 터지는 일만 남았기 때문이다. 무한을 향한 가눌 수 없는 욕망의 질주가 낳을 파열은 거대도시라는 풍선의 운명이다.

거대도시를 로마 제국과 견주는 이도 몇몇 있었다. 기원후 27년, 공화정을 무너뜨리고 등장한 로마 제국은 무한 성장을 향한 야욕의 산물이었다. 이베리아반도에서 메소포타미아까지, 브리타니아에서 사하라사막 인근까지 포함하는 광대한 영토를 가진 대제국이었다. 동서로는 4,800킬로미터, 남북으로는 2,700킬로미터에 달했다. 전체 면적은 자그마치 5백만 제곱킬로미터다. 이 제국은 내적 모순에 빠져 스스로 파멸에 이르렀다. 시민의 옹립에 의해서가 아니라 군사력을 기반으로 한 전체주의적 통치는 은밀히 힘을 키우면 누구든 황제가 될 수 있다는 야욕을 부추긴다. 막시미누스 트락스를 시작으로 곳곳에서 군대를 사병화한 장군들이 권력자로 등극하면서 여러 명이 동시에 자신이 황제라고 난립하는 사태마저 벌어진다. '테트라르키아'라는 4제 분할 시스템을 도입해 효율적인 통치를 시도했지만, 디오클레티아누스와 막시미아누스 사후 콘스탄티누스, 막센티우스, 리키니우스가 서로 황제라며 피비린내 나는 권력 투쟁에 매진한다. 제국은 동서로 분할되고, 서로마는 로물루스 아우구스툴루스 황제가 게르만족의 지도자 오도아케르에게 폐위당하면서 역사에서 사라지고 만다. 지나치게 비대한 영토는 중앙집권적 통치력의 약화, 가족의 살해도 서슴지 않는 피비린내 나는 중앙의 권력 투쟁, 중앙과 지방의 끊임없는 분쟁, 관료의 부패, 방대한 전선을 지키고 지역민을 복속시키기 위한 막대한 군사비 지출, 군대의 사병화와 내전을 초래하여 제국을 감당할 수 없는 나락으로 이끈 것이다.

거대도시도 로마 제국과 마찬가지로 무한 성장을 향한 야욕의 결과물이다. 둘 다 스스로 멈추거나 축소하는 길을 택하지 않고 무한을 향한 규모 확장의 질주를 펼쳤다. 막강한 황권과 군사력을 기반으로 일구어낸 것이 로마 제국이라면, 무한대의 자본과 권력의 결합으로 탄생한 것이 현대의 거대도시다. 로마 제국이 비효율성의 나락으로 떨어진 것처럼 수천만 명이 살아가는 거대도시도 내적 파열을 불러오는 난제에 직면하고 있다. 막대한 인프라의 구축과 운영 비용, 장거리 전송으로 인한 에너지 손실, 주거 환경의 열악함과 비용의 상승, 행정 체계의 복잡성, 사회적 분열과 불평등, 환경오염, 자연 파괴 등은 거대도시가 임계점을 넘어선 것 아닌가 하는 의구심이 들게 한다. 여기에 감염병의 창궐, 기후변화, 인구 급감 등 손을 쓰기 어려운 문제가 얹힌다. 하나를 해결하면 서너 개의 새로운 난제가 쌓인다. 비대해지다 보니 어느 순간부터 헤어 나올 수 없는 비효율성의 나락으로 빠져들고 있다. 혼자서 삶을 꾸리는 것도 벅차니 아이를 낳아 키울 엄두를 내지 못한다. 다음 세대에게도 물려주고 싶은 만큼 행복한 삶을 살 수 있는 도시라는 생각이 들지 않는다. 어린아이가 거리에서 사라진 거대도시! 매끈하고 화려해 보이지만 사실은 거대도시가 이미 종착역에 도달하였다는 징표가 아닐까?

"도시의 규모는 어느 정도가 적정할까?"

로마 제국이 등장하기 약 320년 전, 거대도시가 등장하기 2,300여 년 전에 아리스토텔레스가 던진 질문이다. 그리스 본토에서 인더스강까지, 그리고 중앙아시아에서 이집트에 이르는 제국을 일군 알렉산더 대왕의 스승이었다는 점을 생각해 보면 아리스토텔레스도 무한의 규모를 향한 질주를 옹호했던 것일까? 실상은 반대였다. 아리스토텔레스는 알렉산더가 왕위에 오르자 미련 없이 마케도니아를 떠나 아테네로 이주한다. 외지인이므로 시민이 될 수 없었음에도 그는 학문의 고향으로 돌아와 아카데미를 창립하고 도시의 적정 규모에 대해 고민한다. 그가 지지한 것은 광대한 제국이 아니라 보잘것없어 보이는 아테네와 같은 폴리스라는 도시국가였다. 도시는 너무 작아도 문제고 너무 커도 문제라고 했다. 4만이나 5만 명이 모여 살며 시민 참여를 기반으로 운영되는 도시를 지지하고, 수백 개의 폴리스가 서로 연합하고 경쟁하며 자그마한 도시의 약점을 보완하는 모델을 지향했다. 슈마허도 비슷한 이야기를 했다. 거대도시가 패권을 거머쥐는 대신 수십만 명 정도가 모여 사는 도시들의 연합체를 꿈꾸었다. 비대함이 낳는 비효율성을 피하면서도 상호 경쟁과 연대에 의해 거대도시 못잖은 역동성과 창의성을 발산할 수 있다고 보았다. 알렉산더가 바빌론에서 눈을 감고 제국이 파멸의 길로 들어섰을 때, 62세의 스승 아리스토텔레스는 무슨 생각을 했을까? 서른 살이나 어린 제자를 먼저 떠나보낸 비통함 속에서도 '너무 작지도 그렇다고 너무 크지도 않은' 규모의 도시를 만들어 연합해 살라는 자신의 메시지가 옳다는 확신을 얻었을까?

거대도시에 앞으로 어떤 일이 벌어질지 궁금하다. 한강의 기적이 일군 거대도시 서울과 수도권을 놓고 어떤 시나리오를 짜야 할까? 폐허의 저주는 비대해진 서울과 수도권을 비켜 갈까?

2050년 어느 날, 수도권의 아파트 단지에 서 있다. 40여 년 전 누구나 들어가 살고 싶어 하던 선망의 대상으로 만여 명이 살던 곳! 그러나 2050년의 풍경은 다르다. 10여 년 전부터 빈집이 나와도 팔리지 않더니 어느덧 반 이상이 비어 있다. 집을 지키고 있는 이들은 모두 고령자다. 밤이면 사람 사는 곳에만 희미한 불이 밝혀진다. 해마다 파괴력을 더해 가던 태풍이 지난해 정점을 찍었다. 시속 4백 킬로미터의 바람을 몰고 와 새로운 카테고리를 탄생시킨 초초강력 태풍이었다. 가로수가 뿌리째 뽑히고 차량이 종이배처럼 벌렁 드러눕고 철골 구조물이 휘고 시커먼 판석들이 종잇장처럼 나가떨어졌다. 거실의 대형 유리창이 깨지고 프레임이 엿가락처럼 꼬이고 환기창이 떨어져 나간 집들이 수두룩하다. 하지만 아직도 보수하지 못한 채 버티며 살고 있다. 관리비를 모을 수 없으니 방법이 없다. 25층짜리 건물이지만 그래도 아직은 다행이다. 엘리베이터가 뜨문뜨문 시간대별로 운행하니 말이다. 엘리베이터가 운행을 멈추면 고층 거주자에게는 감옥이 따로 없다. 시커먼 땟물이 콘크리트 표면을 가득 덮고 균열이 간 틈으로 부초들이 뿌리내린다. 빗물이 집 안으로 스멀스멀 파고들어 천장, 벽, 바닥 할 것 없이 썩어 들어가고 있다. 지층 아파트에는 여름내 자란 잡초와 넝쿨이 타고 올라와 정글을 만들어 뱀, 쥐, 들고양이의 안식처로 바뀐 지 오래다.

죽을 때 가진 집을 팔아 남은 은행대출금을 갚고, 자녀들에게 조금이라도 나눠 주려고 벼르고 있었지만, 집이 팔리지 않는다. 은행대출금은 갚을 길이 없고 자식들에게는 버림받는다. 이런 상황에 처한 이가 한둘이 아니라 단지 내에만 수천 세대다. 은행은 대출금을 돌려받고자 빈집을 경매에 부치지만 사는 이가 없다. 부도의 위협에 내몰리자

정의와 도시 (하)

기업 대출을 줄이고 기존 대출의 연장을 불허하니 임금 지급이 어려운 기업들은 공장 가동을 멈추고 버티다가 도산한다. 은행과 기업을 살리겠다고 세금을 쏟아붓고자 하나 급격한 인구 감소로 인한 세수 부족에 시달리는 정부가 쏟아부을 수 있는 돈은 없다. 21세기 초반부터 장기 계획을 세우지 못한 국가가 책임져야 한다고 각지에서, 각 직능에서, 그리고 수많은 산업 현장에서 들고 나니 사회는 엄청난 혼란 속으로 빠져든다.

　지방에는 이미 폐허의 그림자가 짙게 드리운 지역이 한두 곳이 아니다. 마지막 기차에 올라타 관성에 젖은 채 불꽃놀이를 즐기며 유유자적하는 것과 같다. 이마저도 남은 시간은 30년 정도 아닐까? 어쩌려고 이런 일을 벌이는 것일까? 땅끝마을에 가까운 머나먼 남쪽의 한 읍을 가 보면 아파트 단지들이 곳곳에 들어서 있다. 규모도 작지 않다. 2백에서 4백 세대에 이르는 단지들이 즐비하다. 바다 가까운 곳에서 어업에 종사하던 사람들이 읍내에 아파트를 하나씩 장만하는 붐이 일어 바닷가 주택과 읍내의 아파트를 오가며 경제활동을 영위한다. 청장년층에 만연한 신축 주택에 대한 절대적 선호도 아파트 건설을 부추기는 데에 한 몫했다. 네카어강 주변의 평지를 따라 고딕과 바로크의 시간이 켜켜이 쌓인 동화 같은 풍경을 품은 하이델베르크에 견줄 만한 자연조건을 지닌 곳이다. 하지만 이미 시가지 곳곳에, 그리고 평원의 중간에 뜬금없이 산야를 가리며 불쑥 솟은 고층 아파트 단지들은 부조화의 극치다. 30년 뒤를 상상해 본다. 이미 인구 소멸 위기 지역으로 지정된 곳이다. 고령자들이 차례대로 눈을 감으면 주민 숫자는 계속 줄어들 것이다. 즐비한 아파트 단지에 무슨 일이 벌어질까? 최대한 빽빽하게 지어 놓은 것이라 다시 지을 여력도 없고, 거래도 일어날 리 없다. 속수무책 빈집만 빠르게 늘어가 슬럼으로 전락하는 운명 말고 무엇이 기다리고 있을까? 2050년을 살아갈 몇 안 되는 지방의 청장년들은 앞선 세대가 벌인 일을 뒷감당할 방법이 없다. 그들의 삶은 어쩌면 이미 끝난 것이다. 더 정확히 이야기하면 그들의 삶을 앞선 세대가 끝내버린 것이다.

"스펀지 도시!"

아이바 신이라는 일본의 인구 감소 문제를 연구하는 학자가 미래도시를 생각하며 쓴 말이다. 고층 아파트나 콘도미니엄을 짓지 않는 것은 아니지만, 일본의 주거는 대부분 단독주택이다. 신도시를 개발하는 까닭도 대한민국처럼 블록별로 대단위 아파트 단지를 조성하기 위함이 아니다. 대량의 단독주택 필지 공급이 목적이다. 도쿄 근교의 가시와라는 도시에 머문 적이 있었는데, 끝없이 확장해 가는 단독주택의 풍경이 놀라웠다. 우리 같으면 초고층 아파트 몇 동으로 간단히 해결할 일이다. 기다란 도로를 만들고 수도관을 매설하고 전기선과 통신선을 까는 비효율성을 마다하지 않고 2층짜리 단독주택으로 끝없이 채워 나간다. 일본의 단독주택을 향한 애착은 신비롭다. 잦은 지진으로 고층을 피하고자 하는 것일 수도 있다. 하지만 근대 일본 철학의 대부 와츠지의 말에도 힌트가 담겨 있다. 고즈넉한 정원과 베란다를 갖추고 담장으로 둘러싸인 곳만이 위험한 바깥세상에서 귀가하여 신발을 벗고 번잡한 마음을 내려놓고 안식할 수 있는 일본인의 집이라 불릴 자격이 있다. 단독주택의 천국 일본이다. 이곳에서 인구 감소로 집이 비면 길가를 따라 하나씩 이가 빠지는 형국이다. 자그마한 빈 구멍들이 하나씩 자리 잡고 들어선 것을 두고 '스펀지 도시'라고 부른 것이다.

2050년 대한민국에는 어떤 일이 벌어질까? 도시의 쇠락은 집 단위가 아니라 단지 단위로 벌어질 것이다. 7층의 한 집이 비고, 24층의 한 집이 빌 때까지는 큰 걱정거리가 아니었다. 하지만 7층과 24층의 또 다른 집이 비고, 다른 층에서도 빈집이 하나둘 나타나자 사태가 심각함을 깨닫게 된다. 손쓸 겨를도 없이 상황이 심각해지더니 종국에는 단지 전체가 쇠락하는 사태에 직면한다. 도시 곳곳에 거대한 빈 구멍이 뚫린 형상은 스펀지라는 비유로 설명하기에는 규모나 절박함에서 뭔가 아쉬움이 남는다.

중국 소주의 원림인 '사자림'을 방문한 적이 있다. 그곳에서 죽음을 상징하는 듯 물기가 바싹 마른 거대한 돌덩어리인 태호석을 보았다. 커다란 구멍이 송송 뚫려 있었다. 단지 단위로 쇠락해서 커다란 빈 구멍이 산재한 도시를 '태호석 도시'라고 불러야 할까? 태호석 도시보다 더 적절한 이름은 없을까? '원형탈모 도시'는 어떨까? 그것도 한 군데가 아니라 여기저기가 빠져버린 '다발성 원형탈모 도시'는 어떨까?

쇠락한 단지에 남겨진 늙은 부부는 10여 년째 찾아오지 않는 아들이 너무도 그립다. 얼마 전, 디지털 소외의 장벽을 눈물겹게 극복해 가며 드디어 마주한 것은 알고 보니 아들의 아바타라는 요상한 것이었다. 10대 시절 아들이 좋아했던 팝가수가 착용한 하이탑 스니커즈에 슬림핏 블랙진을 입고 반투명한 은빛 금속성 재킷을 걸친 아바타는 정형화된 이모티콘 미소를 날리고는 사라진다. 눈썹을 끊어놓은 흉 진 얼굴을 보고 싶고, 유난히 조막만한 손을 붙잡아 보고 싶다. 인생의 마지막일지도 모른다. 노구를 이끌고 어딘가에 살고 있을 아들을 찾아 엘리베이터 운행 시간에 맞추어 힘겨운 여정을 떠난다. 이런 소설의 배경은 아마도 시커먼 수직 땟물이 표면을 빈틈없이 장식하고 콘크리트 틈새로 잡풀이 뿌리를 내리고 유리창은 깨지고 난간은 어그러진 단지를 가진 폐허의 도시일 것이다. 커다란 구멍이 곳곳에 송송 뚫린 다발성 원형탈모 도시다.

열넷.

통곡의 다리와 동부구치소

1614년의 어느 날이다. 아드리아해를 통과해 석호를 지나 베네치아의 그랜드 운하로 진입해 들어간다. 산 마르코 광장 앞에 닻을 내린 후, 콘스탄티노플에서 실어 온 겨자, 시나몬, 정향, 비단, 무명, 카펫을 하역하려는 찰나다. 잠시 숨을 고르고 물 위에서 바라다보이는 베네치아 공화국의 자태를 감상한다. 난공불락의 성채 같은 풍모가 물씬 풍기는 화폐주조장을 시작으로, 비잔틴 제국이 멸망하면서 기증받은 그리스 고전을 소장한 공공도서관, 멀리 아드리아해에서도 보이도록 금박 장식을 한 종탑, 황금 바실리카라고 불리는 〈산 마르코 성당〉, 하얀 첨두아치와 다채색 대리석을 교차시켜 만든 격자무늬 장식을 한 〈두칼레궁〉이 눈에 들어온다. 옆으로 난 11미터 폭의 운하를 건너 오른쪽으로 건물이 하나 더 보인다. 다름 아닌 감옥이다. 〈두칼레궁〉과 감옥은 다리로 연결되어 있다. 그 유명한 〈통곡의 다리〉다.

〈두칼레궁〉은 베네치아 공화국의 도제가 거주하는 곳이자 행정, 입법, 사법 기능을 수행하는 최고 기관이었다. 공정한 재판을 진행하고 법을 어긴 자에게 균형 잡힌 처벌을 내려 공화국이 정의라는 원리에 의해 돌아가도록 힘썼다. 이 궁에는 감옥이 두 개 있었다. 하나는 '피옴비(Piombi)'라고 불린다. 납을 뜻하는 피옴보(Piombo)의 복수형이기도 하다. 단열재 없이 납판을 얹어 마감한 지붕 아래 감

† 지오반니 안토니오 카날레토, 〈예수 승천일의 산 마르코항〉(1733~1734 추정)

방이 줄줄이 배치되어 있어 생긴 별칭이다. 여름이면 장작으로 달군 가마솥에 들어앉은 듯 열기에 바싹바싹 타들어 가고, 겨울이면 음습한 한기에 오돌오돌 떨어야 했다. 변변한 빛도 바람도 들지 않는 쪽창 하나에 의지해 버텨야 하는 곳이었다. 1756년 카사노바가 풍기문란죄로 옥살이하다가 빠져나온 곳이 이 감옥이다. 또 다른 감옥은 〈두칼레궁〉의 1층과 지하에 자리 잡고 있었다. 해수면보다 낮은 축축한 곳에 자리 잡은 감방이라 '우물'을 뜻하는 '포지(Pozzi)'라고 불렀다. 덥고, 습하고, 춥고, 어두웠다. 감방안에 놓인 변기통은 오물이 뚜껑까지 차올라도 간수가 꺼내 치워 주지 않으니 방 안에서 푹푹 고아진다. 감시용 복도가 감방을 둘러싸는 구조라 한 줌의 바람도 들지 않아 악취가 빠지기는커녕 차곡차곡 쌓여만 간다. 건물 기초에 해당하는 나지막한 볼트를 이용해 방을 만들다 보니 층고도 확보되지 않아 항상 쪼그려 앉아 있거나 구부정하게 서있어야만 했다. 상상하기 어려운 고통의 삶이다. 두 감옥의 악명 높은 수용 환경을 개선하고자 팔라초 운하 건너편에 1614년경 새 감옥을 짓고 다리로 연결한 것이다.

〈통곡의 다리〉는 일반 다리와 디자인이 다르다. 조사실과 감옥을 오가는 범죄자들이 마주치지 않도록 가운데 벽을 쳐서 두 갈래로 확실하게 나누어 놓았다. 바깥면에는 정사각형 구멍이 두 개 뚫려 있다. 이스트리아반도에서 가져온 석회암을 꽃 이파리처럼 섬세하게 조각한 창살이 달려 있다. 길거리나 운하에서 바라보았을 때 누가 지나가는지 알 수 없도록 익명성을 보장하려는 의도다. 죄수가 도주 혹은 생명을 끊을 목적으로 운하에 뛰어들지 못하도록 고려한 것이기도 하다. 재판을 받고 옥으로 이송되는 죄수

는 창살 샛구멍을 통해 베네치아의 풍경을 마지막으로 눈요기한다. 팔라초 운하, 팔리아 다리, 그랜드 운하의 진녹색 물살, 산 조르조 섬의 성당이 자글자글 조각이 난 채 시야에 들어온다. 그리스 신전 모양을 한 새하얀 대리석 입면, 붉은 벽돌 기단과 백색 석회암으로 마무리한 75미터 높이의 종탑, 성스러움의 상징인 완벽한 반구형의 돔으로 치장한 성당을 배경으로, 당나귀처럼 뒤뚱거리듯 곤돌라가 지나가고, 레반트 지역에서 가져온 향신료, 비단, 귀금속을 실은 삼각형 돛을 단 무역선이 입항하고 있다. 이 모든 것을 이불처럼 뒤덮은 널따란 하늘이 유난스레 파랗다. 뉘엿뉘엿 해가 넘어가는 느지막한 오후에는 붉은빛으로 석호가 불탄다. 불타는 석호 위에서 곤돌라, 무역선, 성당이 서로 어우러지며 황홀한 일몰의 장관을 연출했을 것이다. 어쩌면 마지막이 될지도 모를 베네치아의 매혹적인 풍경을 바라보는 죄수의 마음속에는 무엇이 오갔을까?

산 마르코 광장 앞에 배를 대려고 보면 베네치아가 어떤 것을 추구하는 도시인지 자연스럽게 깨닫는다. 마르코 성인 앞에 무릎을 꿇은 도제의 모습을 새긴 국제통화 '베네치아 금화'를 부지런히 찍어내는 주조장, 그리스어, 라틴어, 히브리어에 능통한 파올로 사르피가 호메로스의『일리아스』와『오디세이아』 원전을 읽어 내려가던 도서관, 아르메니아에서 온 순례자가 무릎을 꿇고 알렉산드리아에서 밀반입해 온 마르코 성인의 유해 앞에서 기도하는 고요한 성당, 스페인 외교관들과 일부 귀족들이 연합하여 일으킨 반란을 조기에 발견하고 비공개 재판을 연 '10인회'의 일터인 〈두칼레궁〉, 그리고 소매치기, 좀도둑, 채무자, 사기꾼, 상해범, 반역자, 살인자를 수감해 엄벌에 처하던 감옥. 상인, 문인, 공무원, 정치인, 법조인, 죄인의 삶이 하나씩 눈에 들어온다.

석호의 잔잔한 물살이 광휘하는 모습을 눈요기할 수 있는 창은 없다. 불타는 황홀한 일몰을 찰나라도 감상할 수 있는 창살 사이로 뚫린 구멍도 없다. 하지만 21세기의 서울에도 사법기관과 감옥을 잇는 통곡의 통로가 있다. 송파구 법조단지에는 법원, 검찰청, 구치소가 나란히 들어서 있다. 신혼부부가 아파트인 줄 알고 빙빙 둘러보기도 한다는 〈동부구치소〉. 언뜻 보면 고층 아파트처럼 보이는 외관 때문에 빚어지는 에피소드다. 발바닥 밑 지하에는 은밀한 통로가 자리 잡고 있다는 것을 신혼부부는 상상도 못 할 것이다. 조사나 재판을 받는 수용자는 구치소와 검찰청, 그리고 구치소와 법원 사이를 오가고 있다. 폭 3미터, 길이 350미터에 이르는 지하에 은폐된 길이다. 회한의 암로다.

창문 하나 없는 회한의 암로지만 대한민국의 도시에서는 진기한 것이다. 법원과 검찰청은 환영받지만, 구치소는 기피 시설로 낙인찍힌 지 오래되었다. 법원과 검찰청은 짝을 지어 나란히 들어서지만, 구치소는 어딘가 보이지 않는 곳으로 멀리 쫓아내 버린다. 교도소는 형이 확정된 기결수를 대상으로 하기에 교외에 지어도 큰 문제가 없다. 미결수는 상황이 다르다. 형이 아직 확정되지 않아 계속 수사와 재판을 받아야 한다. 사법기관 인근에 자리 잡고 머무르는 것이 합리적인 선택이다. 하지만 개발의 광풍은 구치소든 교도소든 5미터 담벼락 안에 있는 시설을 모조리 한데 묶어 머나먼 외곽으로 이전시켜 버렸다. 그렇다고 일본처럼 검사가 직접 조사를 하러 구치소를 방문하는 것도 아니다. 뉴스 화면에 호송 버스에서 내리는 피의자의 모습이 종종 잡히는 것은 바로 이런 연유다. 십수 킬로미터를 달려 출정한다. 수용자 한 사람이 출정할 때 운전자 포함 총 네 명이 동원된다. 비용과 행정력의 낭비다. 미미하더라도 교통체증과 환경오염의 요인이 될 것도 자명하다. 법원, 검찰, 구치소가 짝을 지어 들어서고 통로로 이어져 있었다면 불필요했을 이동이다. 그래서 역으로 구치소, 법원, 검찰청이 한곳에 들어서고 이들 사이를 잇는 보행용 다리나 통로를 설치한 풍경이 진기하다. 회한의 암로는 두 군데 더 있다. 〈수원구치소 평택지소〉에도 법원과 검찰청으로 가는 지하통로가 마련되어 있다. 〈인천구치소〉도 마찬가지다. 개발 광풍에 속수무책 외곽으로 밀려난 대한민국 구치소의 거역할 수 없는 운명을 생각해 보면 모두 이색적인 것들이다.

원래 옥(獄)은 형벌이 집행되기 전 잠시 머무르는 곳이었다. 굳이 구분하자면 교도소가 아니라 구치소였다. 사실 구치소와 교도소의 구분은 근대의 산물이다. 계몽주의의 영향으로 체벌 대신 자유를 제약하는 징역형으로 징벌의 형태가 바뀌면서 구치소와 교도소의 구분이 생겨났다.

중세 농노는 토지에 묶여 살았기에 어차피 자유가 없었다. 체벌이 형벌로 자리 잡은 이유 중 하나다. 근대로 접어들어 신분제가 폐지되면서 상황이 바뀐다. 이동과 주거지 선택의 자유가 주어졌다. 이러다 보니 역으로 자유를 제한하는 것이 형벌이 된다. 징역형의 등장과 함께 구치소로부터 교도소가 파생되어 나온 것이다. 주리, 채찍질, 알안(挖眼), 단설, 단수, 단지, 포락, 박피, 참수, 거열, 능지, 효수 등 신체 형벌은 상상만 해도 몸서리쳐진다. 반면에 징역형은 이동의 자유만 제한할 뿐이니 훨씬 인권 친화적이라고 보았다. 교육을 통해 죄인의 정신과 생활 방식을 개조할 수 있다는 교정에 대한 믿음도 징역형의 정착에 한몫했다.

1829년 필라델피아에 들어선 〈이스턴 스테이트 페니텐셔리(Eastern State Penitentiary)〉라고 불리는 교도소에 적용된 근대주의자들의 인간 개조 실험은 유명하다. 검소함과 개인적인 영적 성찰을 강조하는 퀘이커 교도의 삶을 모델로 삼았다. 수용자를 독방에 넣고 침묵, 반성, 회개, 자숙, 명상을 실천하도록 하고, 공동 작업장이 아닌 개별 거실 내에서 작업을 묵묵히 수행하도록 했다. 감방에는 '하나님의 눈'이라고 불리는 좁고 긴 천창이 달려 있다. 어두운 감방에 빛을 들이는 유일한 창이기도 하다. 안타깝게도 고독은 정신 혁명을 이루는 약제가 아니었다. 인간 개조는 일어나지 않고 오히려 역효과가 발생하였다. 대부분의 수용자가 불안감, 고립감, 우울증 그리고 환각 증상에 시달렸다. 감시의 효율성을 극대화한 방사형 시설과 '내적 빛(Inner Light)'을 좇는 영성을 실천하는 삶의 방식을 결합한 인간 개조 실험의 실패였다.

현재 영풍문고 종로점이 있는 자리인 서린방에 있던 조선시대의 전옥서도 엄밀히 말하면 구치소였다. 조사와 재판을 기다리는 사람들이 머물렀다. 태형이나 장형과 같은 체형, 위리안치처럼 절대 고도(孤島)로 유배를 보내는 유형, 효수처럼 생명을 끊어 놓는 사형 등 체벌이 집행되기 전까지 임시로 머무르는 장소였다. 먹을 것과 입을 것을 때마다 가져다주는 옥바라지라는 우리 특유의 접견 문화가 생긴 것은 이런 맥락에서다. 옥에 갇힌 남편, 아들, 딸을 위해 음식과 의복을 준비해 때마다 방문한 것이다. 체벌이 집행되기 전까지 한시적으로 수용되어 있었기에 이런 헌

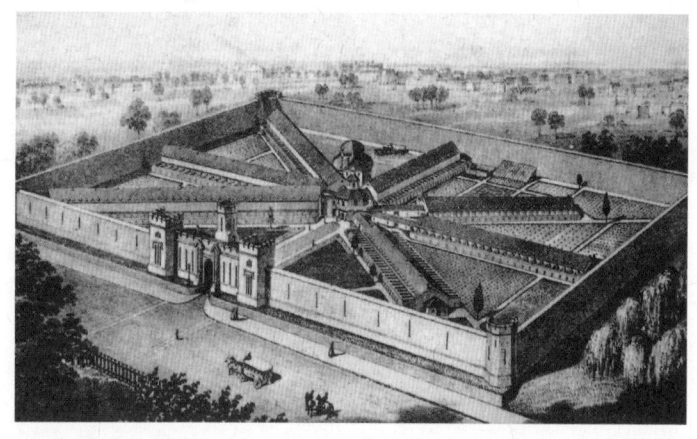

신을 할 수 있었다. 성내에 자리 잡고 있어 보행으로 닿을 거리에 있었기에 가능한 일이기도 했다. 갑오경장 이후 미결수와 기결수를 구분하고, 기결수를 장기간 구금하는 징역형을 도입하면서 우리나라에서도 교도소의 역사가 시작된다. 임시로 머무르는 곳과 수개월에서 수년을 보내며 일상생활을 해야 하는 곳은 완전히 다르다. 수용소가 아닌 반듯한 주거 공간이 되어야 한다. 교화를 위한 인문 교육과 직업 교육을 실행하고, 운동 공간도 확보해 주어야 하고, 의료 서비스도 제공해야 하고, 종교활동도 보장해 주어야 한다.

† 미국 필라델피아에 있는 〈이스턴 스테이트 페니텐셔리〉

일본의 교정시설을 여러 곳 돌아볼 기회가 있었다. 구치소, 교도소도 유폐된 외곽이 아니라 도심지에 자리 잡은 모습을 종종 볼 수 있었다. 신선했다. 일본은 교정시설을 어디론가 보내지 않는다. 대신 있는 자리를 고수한다. 보내도 자의로 이동하는 것이지 나가 달라고 해서 나가는 것은 아니다. 그래서 도심에 자리 잡은 형무소와 구치소가 다반사다. 답사한 〈도쿄구치소〉, 〈요코하마형무소〉, 〈후추형무소〉가 모두 그러하였다. 〈요코하마형무소〉는 높고 낮은 언덕으로 둘러싸인 분지형 대지에 자리 잡고 있었다. 처음 들어섰을 때는 언덕 위에 아무것도 없었는데 시간이 지나면서 주택이 들어서기 시작하더니 어느덧 사방을 둘러싸게 되었다. "나가 달라고 하지 않나요?" 하고 물었더니 "우리가 먼저 들어왔는데요!"라는 답이 돌아왔다. 당연한 말이 왜 이렇게 신선하게 들릴까? 〈마포교도소〉와 〈안양교도소〉도 모두 먼저 들어와 있던 것 아닌가? 어딘가에 새집을 지어줄 테니 나가 달라는 이야기에 솔깃해 나가다 보니 이제는 굴러들어 온 돌이 박힌 돌을 밀어내는 것이 당연한 일이 되어 버렸다.

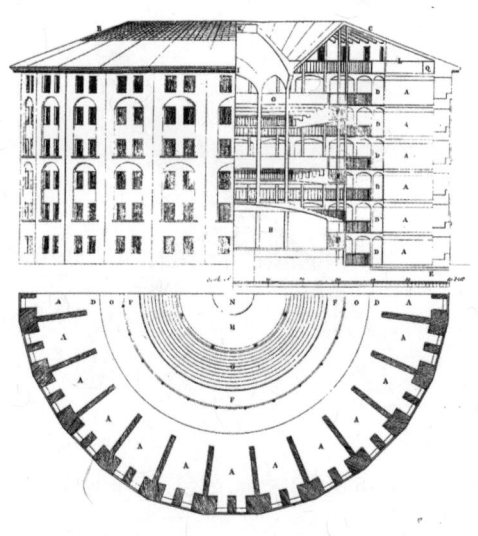

일본의 교정시설이 이전하지 않고 제자리를 쭉 지켜나
가는 방식은 흥미롭다. 메이지 시대에 시작된 근대 감옥의
역사는 방사형에서 시작된다. 서구에 방사형이 등장한 것
은 19세기 초반이다. 1812년 완공된 런던의 〈밀뱅크 감옥
(Millbank Prison)〉과 1829년 완공된 필라델피아의 〈이스턴
스테이트 페니텐셔리〉가 방사형의 초기 사례다. 18세기
말에 고안된 벤담의 파놉티콘은 이상적인 감옥이지만, 현
실적 여건을 고려하면 그 모양 그대로 구현하기가 여러모

---

† 윌리 레벨리, 〈제러미 벤담의 파놉티콘〉(1791)

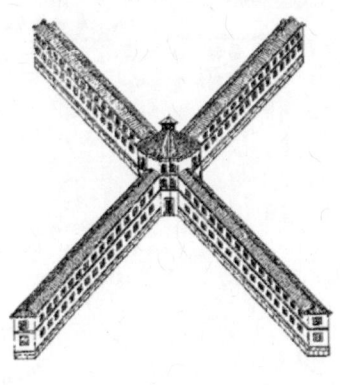

로 쉽지 않다. 완벽한 원호를 따라 높은 벽체를 둘러 세우고, 위치를 일일이 확인하며 중심을 향해 놓인 수많은 벽체를 정교하게 건축하는 일에는 많은 공력과 비용이 따른다. 중앙 타워를 설치하고 그 안에 간수를 두는 것으로 경계의 효율성이 손쉽게 확보되는 것도 아니다. 여전히 아래쪽이나 위쪽에 있는 방에 사각지대가 생기는 것을 피할 수 없기 때문이다. 이때 대안으로 떠오른 것이 방사형이다. 파놉티콘은 폐기하되 교도관실을 중앙에 배치하고 효율적 감시를 꾀하는 기본 골자는 그대로 따왔다. 일본도 파놉티콘의 이상은 이해하나 훨씬 실용적인 방사형을 감옥

† 일본 메이지 시대 방사형 감옥 표준도

의 표준으로 삼는다. 중앙에 교도관실을 배치하고 사방으로 수용동을 날개처럼 내단다. 처음부터 방사형으로 만드는 때도 있지만 '+'형 또는 '丁'자형으로 시작하는 사례도 많다. 증축이 필요할 때마다 사이사이 날개를 추가로 끼워 넣는다. 이렇게 증축이 몇 차례 이뤄지면 비로소 방사형이 완성되는 것이다. 일제강점기 한반도에 지어진 감옥의 모양과 증축은 이런 패턴을 따랐다. 〈서대문형무소〉, 〈대구형무소〉, 〈공주형무소〉가 그 예다.

방사형 구조는 관리가 용이하고, 제자리를 유지한 채 증축이 가능하다는 점에서 효율적이다. 그렇다면 수용자들은 방사형 감옥에서의 삶을 어떻게 받아들였을까? 우연히도 신영복 선생이 남긴 기록이 방사형 교정시설의 생활상을 이해하는 데 도움이 된다. 선생은 1960년대 말, 남한산성 인근에 자리한 여섯 개의 날개를 가진 방사형 구조의

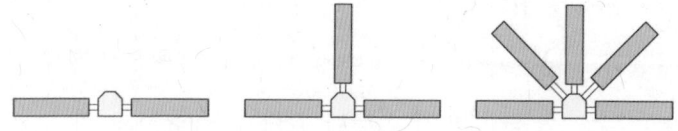

† 방사형의 단계적 완성

〈육군교도소〉에서 약 21개월간 투옥 생활을 했다. 먼저 참을 수 없을 정도로 반복되는 옥중 생활의 단조로움을 배가하는 것이 방사형 건축물이라고 적고 있다. 기상나팔과 함께 시작되는 어제와 똑같은 오늘을 맞이하는 것은 세상 모든 교도소가 마찬가지일 것이다. 하지만 방사형 교도소에서 맞이하는 아침은 색다르다. 형언할 수 없이 단조롭고 침울하고 우울하다. 중심에서 뻗어 나가는 여섯 채의 수용동은 어느 것 하나 동서남북 정방향과 맞아떨어지는 것이 없다. 공간좌표계가 무의미해진다. 눈 부신 태양이 떠오르고 있을 동쪽, 땡볕을 아낌없이 투하하며 건물 전면을 달구어 주는 남쪽, 해가 지는 서쪽, 그리고 안정적인 침잠한 빛을 느긋하게 공급하는 북쪽. 모두 다 의미 없는 것들이다. 오직 사동의 들머리에 박힌 숫자로만 어디에 있는지를 가늠할 수 있는 방향감의 박탈이 자유의 강탈과 끈끈하게 결합한다. 야박한 이중의 탈취다.

수감자를 무기력하게 만드는 방사형의 특징이 또 있다. 겨울과 봄이면 수용동에 빛이 들지 않는다. 대부분의 수용동은 빛이 드는 방향과 어긋나 있다. 수용동 사이의 틈도 비좁다. 그나마 끝부분은 사정이 좀 낫지만 교도관실에 가까운 중앙 부분은 앞뒤로 다른 수용동과 겨우 수 미터 떨어져 있을 뿐이다. 종일 싸늘하고 생기가 없는 암흑천지다. 그래서인지 방사형 구조에 유폐된 수감자의 유일한 낙은 일광욕이라고 한다. 암흑천지에 갇혀 살다 보니 이 낙은 무엇과도 바꿀 수 없다. "진눈깨비가 슬슬 뿌리는, 일광이 없는 날에도 악착같이 일광욕을" 하겠다고 수감자들이 이구동성 우겨대는 이유다. 방사형 구조는 통풍도 문제다. 역시 중앙에 가까운 부분은 바람 한 점 들지 않아 너무 괴롭다. 공기 순환이 멈춘 무풍 고립지에서 보내는 삼복증염을 상상할 수 있는가? 습기와 결합한 더위가 기승을 부리는 몬순 풍토에서 바람 한 점 들지 않는 감방 생활은 지옥의 또 다른 모습이다. 인간 한계에 도전한다. 수감자는 숨만 까딱까딱 힘겹게 쉬는 고밀도 양계장의 폐계와 같은 처지로 전락한다.

방사형 감옥은 효율성의 극치를 추구했다. 같은 자리를 지키며 규모를 늘려 나가고 효율적인 감시를 실행하는 측면에서 방사형보다 우월한 것은 없었다. 하지만 신영복 선생의 증언처럼 인간이 지낼 곳은 못 되었다. 이런 문제를 일본도 곧 깨달았다. 사실 더위와 결합한 습기가 기승을 부리는 일본 풍토에 굉장히 부적합한 형태였다. 판상형 아파트 배치처럼, 예닐곱 채의 수용동을 일정한 간격으로 띄워낸 배치 방식이 다시 대안으로 등장한다. 수용동을 서로 이어주는 공용 복도도 탄생한다. 누가 언제부터 그렇게 불렀는지는 알 수 없으나 이런 배치 방식을 '전주형'이라고 일컬었다. 목주에 어깨쇠가 일렬로 달라붙은 전봇대와 비슷하다고 하여 붙여진 이름이다. 일정한 간격으로 같은 박스 모양의 수용동이 반복되기에 병렬형이라고 불리기도 한다. 방사형은 교도관실이 한 곳에 집중되어 있지만, 전

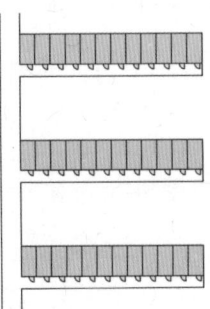

† 복도와 수용동으로 구성된 전주형

주형은 수용동마다 교도관실이 따로 하나씩 필요하다. 이런 비효율성에도 불구하고 전주형을 택한 까닭은 교도관 수를 줄이는 경비 절감보다 수용자의 거주 환경을 우선한 결과였다. 전주형 감옥이 들어서면서 수감 시설을 증축하는 방식도 바뀐다. 방사형에서는 '+'형 또는 '丁'자형으로 시작해 수용동을 하나씩 끼워 가며 규모를 늘려 갔다. 전주형에서는 공용 복도를 따라 일정한 간격으로 새로운 수용동을 덧붙인다. 물론 시설 자체가 너무 낡으면 아예 전체를 부수고 새로 만들어야 할 때도 있다. 이를 위해 초기 단계부터 대지의 반을 증축 부지로 미리 확보해 둔다. 빈 땅에 새로운 시설을 짓고, 구시설의 수용자들을 이동시킨 후 낡은 시설을 철거하는 방식이다. 모두 담장 안에서 자리를 바꾸어 가며 벌어지는 일이다.

물론 한국인으로서 일본의 교정시설을 이야기한다는 것이 마음을 몹시 불편하게 한다. 『백범일지』에 등장하는 〈서대문형무소〉 일지를 읽다가 야만성에 충격을 받은 기억이 난다. 다다미 석 장 반의 면적에 열댓에서 스무 명 정도가 머리만 콩나물 대가리처럼 내놓고 변기통에서 만발하는 가스를 들이마시며 여름철을 버티다 보면 "호흡과 땀에서 증기가 발하여 서로 면목을 분간 못 하게" 된다고 쓰여 있었다. 스무 명이 있는 감방에 "면금(綿衾) 네 개를 들여 주는데 턱 밑에서 겨우 무릎 아래만 가려지므로 버선 없는 발과 무릎은 대반(大半) 동창(凍瘡)이 나고, 귀와 코가 얼어서 극히 참혹하고, 발가락 손가락이 물러나서 불구자가" 되기도 하고 결국은 "흉골이 상하여 죽는 것을 여럿 보았다."라는 대목도 있다. 날카롭게 끝을 갈아 만든 철사로 손가락 사이를 콕콕 찔러 옴에 걸린 것처럼 부풀고 진액이 나오게 하여 일부러 환자용 감방으로 옮겼다는 이야기도 있다. 모두 상상할 수 없을 정도로 고통스러운 일제 강점기 형무소의 수인 생활이다.

하지만 울분을 잠시 뒤로하고 현대 일본의 교정시설을 바라보면 눈여겨볼 만한 부분들이 있다. 그중 하나가 바로 있던 곳에서 위치를 바꾸어 가며 오랜 세월 그 자리를 지킨다는 점이다. 인접한 곳에 증축지를 두고 두 곳을 번갈아 가며 새로 짓고 옛것을 철거한다. 빈 곳은 운동장으로 쓰다가 건물이 낡으면 다시 증축 용지로 활용한다. 부지를 활용하는 방식만 놓고 보면 신도(神道)의 성지로 유명한 〈이세신궁〉이 수천 년을 버텨온 것과 같다. 〈이세신궁〉은 똑같은 부지를 바로 옆에 마련해 놓고 20년마다 새로 짓고 예전 것을 해체하는 일을 반복해 오고 있다. 지금의 건물은 2013년 완공된 것으로 62번째다. 다음 재건축은 기존 신사가 서 있던 빈터에 2033년 실행될 예정이다.

〈동부구치소〉가 신선한 이유는 매번 외곽으로 힘없이 밀려 나가는 우리 교정시설의 역사에서 도심지로 복귀한 사례이기 때문이다. 어쩌면 낡은 〈성동구치소〉를 폐쇄하고 주택용지로 사들인 공기관이 구치소를 새로 지어주면서 법원과 검찰이 합류했기에 발생한 일회적 사건인지도 모른다. 구치소 땅을 매각해 벌인 사업이 아니었다면 사실상 법원, 검찰과 짝을 이루어 아파트의 외관을 하고 당당히 도심지에 들어서기란 불가능했을 것이다. 부동산 가치를 올리는 데에 도움이 되는 것은 열렬히 환영하고 그렇지 않은 것은 결사적으로 거부하는 욕망을 그대로 투영하고 있다. 하지만 진실은 이것이 아닐까? 기피 시설은 혐오 시설이기 이전에 삶을 떠받드는 기반 시설이다. 우리가 그리는 아름다운 도시가 작동하기 위한 기본 전제다. 법원과 검찰청은 환영하면서 구치소는 어딘가로 전가하는 도시는 포용이 아니라 경계 바깥으로 매몰차게 몰아내는 배타적 속성을 여실히 드러낸다.

웬델 베리는 「사람은 무엇을 위해 살아가는가?(What are people for?)」라는 에세이에서 "쥐와 바퀴벌레는 수요와 공급의 법칙에 따라 경쟁을 통해 살아간다. 인간은 다르다. 정의와 자비, 이 양자 사이에서 줄타기하며 살아가는 것이 인간의 숙명이자 특권이다."라고 적었다. 정의와 자비라는 상반된 가치를 놓고 균형을 잡으려는 것은 동물이 아니라 인간이라는 증표이고, 그렇다면 교정시설은 그 최전선에 놓인 시금석이다. 화폐주조장, 도서관, 성당, 사법부, 감옥이 모여 있는 산 마르코 광장은 정의와 자비 사이에서 아슬아슬한 줄타기를 하는 인간의 숙명과 특권을 떠올리게 한다. 도시는 예쁘지 않고 부담스러운 것도 포용해야 한다. 설사 아름답지 않더라도 삶의 진실을 외면하는 일은 피해야 한다. 17세기 베네치아와 21세기 대한민국은 물론 다르다. 그러나 〈두칼레궁〉과 감옥을 연결한 〈통곡의 다리〉와 검찰청, 법원, 구치소를 잇는 '회한의 암로'가 닮았다는 점은 분명하다. 〈동부구치소〉가 자리한 송파 법조단지에서 아름다운 것뿐만 아니라 부담스러운 것도 같이 아우르는 성숙한 도시공간 구조의 단면을 마주한다.

열다섯 .

죽음의 공간과 도시

인생을 미로라고 한다. '미로'를 뜻하는 영어 단어는 두 개가 있다. 래버린스(Labyrinth)와 메이즈(Maze)다. 엄밀히 말하면 두 단어의 뜻은 다르다. 메이즈는 복잡하게 얽힌 실타래처럼 아예 풀 길이 없는 것을 가리킨다. 빠져나갈 수 있으리라고 만만하게 보았는데, 시간이 흐를수록 미궁으로 빠져든다. 계속 비슷한 곳만 맴돌다 보니 섬뜩한 신기에 사로잡힌 것만 같다. 어쩌면 영영 아무도 모르는 이곳에 갇혀 홀로 눈을 감을지도 모른다는 생각에 덜컥 겁이 나서 아이처럼 울음을 터트리고 만다. 래버린스는 다르다. 중간은 아무리 꼬인 것처럼 보여도 처음과 끝이 명료하다. 인생을 비유할 때 자주 활용되는 이유다. 건축가의 조상인 다이달로스가 미노스궁 지하에 만든 것도 바로 시작과 끝이 정해진 미로였다. 연인 아리아드네가 준 실타래를 숨기고 들어간 테세우스가 나올 수 있었던 것은 메이즈가 아니라 래버린스였기 때문이다. 다이달로스의 첫 창작물이 미로라는 점과, 이를 탈출한 테세우스가 혼돈의 대해에서 방향을 잡고 목적지로 이동해 가는 항해사였다는 점은 상통한다. 어디로 가야 할지 때로는 종잡을 수 없는 것이 인생이다. 별 하나 뜨지 않은 야밤의 대해에 던져진 것 같다. 하지만 시작과 끝이 있다는 사실을 상기하면 마치 길을 인도해 줄 길잡이별 하나를 찾은 것 같은 희열이 느껴진다. 태어났다는 사실과 죽을 것이라는 사실을 상기하면 실타래를 다시 풀어가려는 힘이 나곤 한다.

싱가포르에는 탄생과 죽음, 즉 시작점과 끝점은 아주 명료하게 정해져 있다는 것을 떠올리게 주는 삶의 이정표가 있다. 〈천사의 마리아 교회(St. Mary of the Angles Church)〉 마당 아래에 들어선 봉안당이다. 물론 싱가포르에는 천상의 유리알처럼 눈부신 진주가 많다. 한껏 만개한 하얀 연꽃을 연상시키는 〈아트사이언스 뮤지엄〉, 하늘을 떠도는 우주 유람선 한 척이 잠시 정박한 것 같은 〈마리나 베이 샌즈 호텔〉, 연못 같은 잔잔한 바다와 하늘을 배경으로 펼쳐지는 불꽃놀이와 레이저쇼, 가든스 바이 더 베이의 슈퍼트리가 색채를 바꾸며 들려주는 사랑의 랩소디. 마리나 베이의 인공적인 풍광은 화려하고 자극적인 매력을 뽐내며 명소로 군림한다. 열정, 열기, 화려함, 패기, 젊음이 한껏 뿜어져 나온다. 하지만 마리나 베이만 있는 싱가포르는 반쪽짜리 도시다. 마리나 베이와 〈천사의 마리아 교회〉 봉안당을 묶어서 볼 때 싱가포르도 사람 사는 곳이 된다. 화려함, 현란함, 열정이 안식, 휴식, 황혼, 죽음과 대면한다. 반쪽도시가 균형을 회복하고 온전한 것이 된다.

봉안당은 화장한 후 남은 재를 병에 담아 보관하는 장소다. 영어로는 콜룸바리움(Columbarium)이라고 부른다. 비둘기를 뜻하는 콜룸바(Columba)와 장소를 뜻하는 아리움(Arium)이 만나 만들어진 말이다. 틈새를 두고 벽돌을 쌓아 올려 만든 비둘기집처럼 재를 담은 병들을 수평, 수직으로 차곡차곡 쌓아 놓았다고 하여 붙여진 이름이다. 상징적인 의미도 있다. 성경에서는 홍수의 끝을 알리는 메신저로 비둘기가 등장한다. 하늘로부터 내려오는 성령 역시 비둘기의 모양을 띠기도 하였다. 비둘기가 콜룸바리움을 드나드는 풍경은 그래서 무언가 신령한 구석이 있다. 하늘로 뚫린 구멍을 통해 안으로 들어왔다가 다시 창공을 향해 사뿐히 날아오르는 모습은 무거운 육신의 굴레를 벗고 지극히 가벼운 공기처럼 흘러 다닐 영혼의 자유로운 하강과 상승 운동을 시연하는 것 같다. 단백질 공급원이자 종교적 상징이었던 비둘기가 날개 달린 생쥐로 조롱당하는 시대에 살고 있다. 그래서인지 봉안당 역시 누구도 가까이 두기를 꺼리는 시설로 전락했다. 하지만 〈천사의 마리아 교회〉 마당 아래에 자리 잡은 봉안당은 그런 대상으로 치부하기엔 아름답고 포근하고 평온하다.

동서로 긴 언덕배기 터를 반반하게 다듬어 기다란 장방형 마당을 만들었다. 비를 피하고 그늘로 숨어들 수 있도록 가장자리를 따라 회랑을 쭉 둘러놓았다. 마당의 한쪽 끝에는 본당이, 반대쪽 끝에는 정원이 자리 잡고 있다. 가운데는 시원스럽게 비워 놓았다. 한가운데에 원형의 검정 대리석으로 마감한 고요한 연못이 자리할 뿐이다. 정원 너머에는 15층에서 25층에 이르는 고층 아파트가 바짝 붙어 있다. 회랑 사이사이로 난 계단 길을 따라 내려가면 동네

식당가와 시장이 나온다. 인근 주민들에게 교회의 마당은 언덕배기에 자리한 평탄한 공원 역할을 한다.

봉안당은 마당 아래에 자리하고 있다. 경사로를 따라 서서히 걸어 내려간다. 끝에 다다르면 잔잔한 연못이 나타나 소란스러운 마음을 씻어준다. 연못 중앙에 놓인 다리를 건너 피안의 세계로 진입하듯 내부로 진입한다. 쭉 뻗은 기다란 복도를 따라 좌우로 자그마한 사각형 방이 줄지어 서 있다. 어둡고, 무섭고, 기괴하고, 을씨년스러운 공간이 아니다. 천장에서부터 은은한 빛이 떨어지는 정갈하고 평화로운 방이 연속적으로 나타난다. 세상 어디에서도 본 적

† 싱가포르에 있는 〈천사의 마리아 교회〉

없는 봉안당이다. 온화한 기운으로 산 자를 반겨주는 사자
(死者)의 영역도 우주에는 존재하는구나 싶을 정도다.

각 방은 기하학적으로 배치한 비둘기의 구멍집 같은 보
관함을 수직으로 충충이 쌓은 벽체로 둘러싸여 있다. 한가
운데에는 검정 대리석으로 마무리한 사각형 연못이 있고,
천장에는 채광창이 자리 잡고 있다. 신기하게도 이 창은
유리 덮개가 없는 열린 빛 우물이다. 덮개가 없기에 아열
대성 소나기가 쏟아질 때마다 장대비가 안으로 그대로 내
리친다. 아열대 기후와 싸우기보다는 오히려 받아들이는
현명한 길을 택했다. 쏟아지는 빗물이 연못을 채운다. 넘

† 봉안당 안치실과 상부 채광창

쳐흐르면 입구에서 본 더 큰 연못으로 이어지도록 디자인 하였다. 하늘에서 내린 비가 자그마한 연못에서 얼마간 머무르다 또 다른 연못으로 흘러가는 것이다. 시원은 묘연하지만, 어딘가로부터 흘러와서 80여 년을 머무른 후 어딘가로 다시 흘러가는 덧없는 인생을 생각하게 만든다.

연못의 가장자리에는 검정 대리석을 깎아 만든 벤치가 설치되어 있다. 서성거리지만 말고 앉아 보라는 권유다. 나도 벤치에 잠시 앉아 보았다. 누군가의 부모님, 친지, 친구의 유골함이 저 벽감 안에는 담겨 있다. 벽면 여기저기에는 명함판 사진, 장미, 미니 카드와 같은 추모의 징표들이 클립에 끼워져 있다. 다른 방을 보니 꽃을 가져다가 놓는 사람도 있고, 벽감 주변을 손수건으로 닦아내는 사람도 있고, 남몰래 샌드위치를 오물오물 먹으며 자신의 소중한 망자 앞에 앉아 시간을 보내는 사람도 있다. 한 노년의 미망인은 안치실에 손을 대고 무슨 말을 하는지 입술이 벙긋벙긋한다. 아마도 먼저 간 남편을 추모하는 것 같다. 그녀의 손자들은 잔잔한 물결이 이는 연못 옆에 앉아 기도가 끝나기를 기다린다.

이 교회는 저녁 7시 미사를 추가해야 할 정도로 신도 수가 꾸준히 늘고 있다고 한다. 사람들이 모여드는 중요한 이유 중 하나는 봉안당이다. 주말이면 모임이나 예배에 참석한 후 들렀다가 간다. 단출한 의식처럼 부모님이 묻힌 방으로 가 안치실에 손을 대고 이마를 가져다 붙이고 기도를 할 수 있는 편안한 교회다. 미래도 빤히 보인다. 은은한 빛이 쏟아지는 방 한구석에 묻힐 것이다. 빗물이 흘러들고 모였다가 다시 흘러 나가는 영상을 영혼이 되어 매일 바라볼 것이다. 어디에 묻힐지 미리 아니 마음에 안정감이 찾아들고, 자녀나 친구가 쉽게 찾아올 수 있어 그 또한 다행이다. 봉안당이 들어섰을 때 주변의 시민 누구도 반대하지 않았다. 고층 아파트에서 빤히 내려다보이는 곳인데도 말이다. 푹푹 찌는 습한 날씨를 이겨낼 수 있도록 숨통을 틔워 주는 공원 역할을 하니 오히려 환영의 대상이었다. 마당의 회랑을 따라 놓은 벤치에는 바람을 쐬고 조용히 사색에 잠기려는 시민의 발걸음이 끊이지 않는다. 석양을 바라보며 값없이 쉴 자리를 마련해주니 고맙다.

『나는 친절한 죽음을 원한다』의 저자 박중철은 셀 수 없는 검사와 연명치료로 고통받다가 병사하는 생의 마지막 순간의 아이러니를 그렸다. 이 기간을 어떻게 보내는 것이 지혜로운 길인지를 묻는다. 사망 전 한 해 동안 쓰는 의료비가 평생 의료비의 30퍼센트에서 90퍼센트에 이른다. 이 기간 지출하는 의료비의 50퍼센트 이상은 마지막 3개월에 다 집중된다. 다시 이 비용의 60퍼센트 이상은 마지막 한 달을 앞두고 행해진 연명의료에 들어간 것이다. 콧줄을 통해 인공 영양제를 강제로 투여하고, 심폐소생술, 혈액 투석, 항암제 투여, 인공호흡기 사용 등 할 수 있는 일을 다 해보는 '연명치료의 지옥'으로 병약한 몸은 내던져진다. 중환자실에서 병사한 후 냉동고에 들어가 있는 동안 장례식이 치러지고, 외곽의 화장장으로 보내져 재로 변한 뒤, 수십 킬로미터 떨어진 야산의 중턱에 안치된다. 친숙한 곳에서 가족과 함께 자연스러운 죽음을 맞이할 권리를 빼앗겼다. 아니 사실은 '자연사'라는 카테고리 자체가 더 이상 존재하지 않는다. 혈관을 더는 찾을 수 없을 정도로 주삿바늘을 찌른다. 죽는 순간은 하늘이 아니라 의료 기술이 정하는 것이다.

삶에서 '자연사'라는 카테고리가 사라져 버린 것은 도시 공간 구조의 문제기도 하다. 도시는 젊음, 건강, 쾌락을 위한 공간으로 넘쳐 난다. 어디든 이런 부류의 공간으로 바뀔 준비를 하고 있다. 주거 공간만 보아도 수십 년 사이 천지개벽할 정도로 기능이 바뀌었다. 원래는 삶의 시작과 끝을 담아내는 공간이었다. 자궁을 힘겹게 뚫고 나온 생명력 충만한 뜨거운 갓난아기의 육신을 받아내는 곳이었고, 싸늘히 식은 노구가 최후의 숨을 내쉬는 곳이었다. 하지만 주거는 더는 태어나는 곳도, 임종하는 곳도 아니다. 탈(脫)신성화의 파고 속에서 살아 있는 자의 안락과 쾌락을 위한 공간으로 바뀐 지 오래다. 죽음을 위한 장소는 인공호흡기, 수액 주입기, 모니터, 비위관, 억제대로 가득 찬 중환자실로 바뀌었고, 병사 이후 화장하고 남은 잿가루는 머나먼 외곽에 안치된다. 젊음, 안락, 쾌락, 화려함을 위한 공간은 물론 필요하다. 하지만 도시를 이런 것만으로 채울 순 없다. 무의 밑둥치를 잘라 내듯 탄생과 죽음은 싹둑 잘라내고, 중간의 건실한 대목만 보여주는 반쪽짜리 도시다. 보고 싶은 부분만을 편집해 부각한 도시다.

정의와 도시 (하)

일상의 시야에서 아예 사라져 버린 사자의 영역! 꿈에
도 생각해 본 적 없다가 덜컥 맞이하는 죽음은 얼마나 낯
설고 두려운 것일까? 죽음의 철학자 마르틴 하이데거가
말한 것처럼 인간의 특별한 점은 자신의 존재 자체를 문제
삼는, 즉 자신의 '무(無)'의 가능성을 질문할 수 있는 존재
라는 점에 있다. 하지만 미디어를 통해 유포되는 행복 지
표에 휘둘리며 수려하고 화려한 대목만 가득 찬 도시를 일
년 내내 걷다 보면 하이데거의 근본적 질문은 일말의 효용
가치도 없는 태곳적 유물일 뿐이다. 죽으면 싸늘한 잿가
루로 바뀐다는 사실을 한시도 인지하지 못하게 만드는 도
시공간 구조와 자연사라는 임종의 방식을 까마득하게 잊
고 인공 의술을 죄다 동원한 연명의 지옥으로 빠져들어 가
는 상황은 어느 정도 연결돼 있는 것 아닐까? 좋은 도시는
삶의 시야를 열어 주어야 한다. 어린아이가 길을 걸으면서
은연중 삶의 시작점과 종착지, 그리고 그 사이에서 본인이
엮어 나갈 무한한 이야기의 가능성을 인지할 수 있는 곳이
어야 한다. 크리에이터가 될지, 댄서가 될지, 프로그램 개
발자가 될지, 운전사가 될지, 꽃집을 운영할지, 치과의사

가 될지는 모두 가능성으로 남아 있다. 하지만 어떤 길을 가든 종국에는 죽음이 기다리고 있다. 탄생과 죽음은 선택이 아니라 이미 주어진 것이다. 마당 아래 봉안당을 설치한 〈천사의 마리아 교회〉가 경이로운 이유는 동네 아이들이 놀러 나와 바람을 쏘이는 풍경 때문이다. 은은한 빛이 쏟아지는 밝고 쾌적한 봉안당에도 들러 신기한 듯 구경하고 돌아가는 그들의 마음속에는 무엇이 새겨지고 있을까?

세계적으로 유명한 어느 일본인 건축가의 사무실을 오래전 방문한 적이 있다. 도쿄의 번화가인 오모테산도의 4층짜리 아담한 건물 옥상층에 그의 사무실이 있었다. 이야기를 나누던 중, 주변을 둘러보니 길 건너편에 자리한 공동묘지 하나가 눈에 들어온다. 그리고 보니 그의 책상은 왼쪽 대각선 방향으로 항상 묘지가 보이도록 배치되어 있었다. 묘지를 바라보며 온종일 생각하고, 구상을 가다듬고, 설계하는 것일까? "묘지를 보면서 일하시네요?" 하고 물었더니, "예…. 실은 제 아버지를 저기다가 모시려고 그래요."라는 답이 돌아온다. 매일 묘지를 바라보며 일하다 보니, 연로하신 아버지를 저곳에 모시면 돌아가신 이후

에도 아버지를 보며 일할 수 있다는 가상한 소망이 생겼
나 보다. 근 20여 년 전 일이니 이미 실행에 옮기지 않았을
까 싶다. 자식이 바라볼 수 있는 곳에 묻힌다는 것은 아버
지와 아들 모두에게 축복이 아닐까? 언제부턴가 도심지에
들어선 종교시설에 딸린 봉안당은 퀴퀴하고 눅눅하고 빛
과 바람 한 점 들지 않는 곳에 아무도 모르도록 몸을 숨기
고 있다. 존재한다는 것 자체도 드러내지 못한 채 암실처
럼 지하에 유기되어 있다. 한식날, 짜증이 푹푹 나는 먼 길
을 운전해 가서 달랑 인사 한번 하고 멋쩍게 오는 것보다
는, 아버지가 생각날 때마다 하얀 국화 한 송이를 들고 가
서 조용히 쉬었다 올 수 있는 도심 속 봉안당이 탄생하길
소망한다. 〈천사의 마리아 교회〉 마당 아래, 은은하고 온
화한 빛으로 가득 찬 봉안당은 이 소망이 헛꿈이 아님을
웅변하고 있다.

열여섯.

케임브리지 운전 문화와 자율주행

    자율주행 기술이 세상을 바꾸고 있다. 필라델피아에서 운전면허를 따던 때가 새삼 떠오른다. 주행은 어렵지 않게 통과했는데 평행 주차에서 두 번 떨어졌다. 긴장한 탓에 떨다 보니 연습한 대로 감을 살릴 수가 없었다. 어느 순간에 핸들을 반대로 꺾기 시작해야 하는지, 어느 정도 돌려 엉덩이를 들이밀어야 하는지 헷갈려 순간적으로 공황이 왔다. 아무튼 감독관으로 동승한 인상 좋은 아저씨 덕에 겨우 평행 주차를 해 내고 세 번 만에 면허를 딸 수 있었다. '자율주행 기술이 진작 상용화되었더라면 고생할 필요도 없었을 텐데' 하는 아쉬움이 든다. 그러고 보니 '이러다가 조만간 자동차 운전학원도 사라지는 것 아닌가?' 싶기도 하다. 자율주행 기술이 극도로 발달해 자동차라는 기계가 알아서 달린다면 운전학원은 더는 존재 이유가 없어 보인다. 어린아이가 불쑥 튀어나오든, 옆으로 휙 지나온 자전거가 앞을 가로막든, 보행자 우선 횡단보도에 사람이 나타나든 상관없다. 자율주행 기술은 매끄럽게 알아서 속도를 줄이고, 멈추고, 기다리고, 다시 달리고, 스스로 주차할 것이다.

사실 자율주행이 어디까지 스스로 결정하고 달릴 수 있을지 궁금하긴 하다. 눈부신 속도로 진보하고 있지만 운전이란 여전히 만만찮은 일이다. 교행을 하자면 차 한쪽이 덤불에 쏠리지 않고는 지나갈 수 없는 좁디좁은 길에서는 소통이 중요하다. 자동차끼리 상향등을 깜박거리는 신호를 주고받으며 한쪽이 먼저 양보하여 차례대로 지나가곤 한다. 빨간불로 바뀌었는데도 지팡이를 짚고 또박또박 건널목을 건너는 노인을 기다려 준다. 자전거를 타고 길을 건너던 아빠가 아직 미처 건너지 못해 반대편에 남겨진 딸에게 잠깐 멈추라고 손짓하면 상황을 파악한 운전자는 차를 멈추고 딸에게 먼저 지나가라고 신호를 준다. 금이 없는 가장자리에 선 차가 주차한 것인지, 아니면 정체된 흐름을 따라 멈춰 선 것인지 금세 파악하고, 그대로 가던 길을 재촉하거나 아니면 앞차 꽁무니에서 2미터 정도 떨어진 지점에 멈추어 선다. 비 오는 날 와이퍼를 연신 작동시키면서 다섯 군데로 가지 치는 원형 교차로에 진입할 적절한 때를 포착하기도 한다. 진입하려던 찰나에 갑자기 구급차가 경적을 울리며 치고 들어와도 당황하지 않고 공간을 열어 준다. 모두 영국에서 경험했던 일이다. 초보자라면 당황스러운 상황이지만 능숙한 운전자라면 어렵지 않게 풀어 갈 수 있다.

자율주행 기술을 장착한 자동차도 일상의 다양한 상황을 마주할 때 능숙한 운전자처럼 처리해 낼까? 이 문제는 간단하지 않다. 완숙한 자율주행 기술이 개발됐다 해도 변화무쌍한 현실 세계의 도로에서 일어날 상황을 정확히 예측하는 것은 여전히 어려운 일이다. 네 대의 자율주행 택시가 멈춰 서 있다. 컴퓨터가 먹통이 되어 모니터가 시커먼 얼굴을 하고 얼어붙은 것처럼 싸늘하다. 꼼짝달싹하지 않는다. 하필 교차로 한쪽 코너에 줄지어 멈춰 서면서, 다른 차량의 흐름이 완전히 뒤엉켜 버렸다. 차를 빼라고 여기저기서 경적을 울려대도 미동조차 하지 않는다. 참다못한 운전자가 냅다 내려서 씩씩거리며 다가가 유리창을 부술 듯 툭툭 노크를 해댄다. 하지만 운전자가 없다. 운전석이 텅 비었다. 난감한 상황이다. 누구와 대화해야 한단 말인가? 언성을 높이고 삿대질하며 화를 즉각적으로 풀 수라도 있으면 좋을 텐데…. 표정 하나 없이 아무런 대꾸도 않고 묵직한 목석처럼 미동도 없이 선 자동차에 부아가 치밀어 오른다. 화를 삭이지 못하고 자율주행 차량에 불을 내지르기도 한다.

두 대의 자율주행 택시가 응급환자를 싣고 가는 구급차의 길을 막은 적도 있다. 1분 45초 정도 발이 묶인 구급차에 이송 환자는 나중에 사망했다. 원래 생존 가능성이 희박한 환자였을까? 아니면 골든타임을 놓쳐 사망에 이르게 된 것일까? 자율주행 택시 한 대는 출동하려던 소방차와 충돌하여 화재 진압 과정의 발목을 잡았다. 화재 진압 현장에 나타난 또 다른 자율주행 자동차는 옥외 소화전으로 연결된 호스를 알아차리지 못하고 밟고 지나가려 한다. 소방관이 멈추라는 수신호를 계속 보내지만 소통이 불가능하다. 어떻게든 정지시켜야 하는데 마땅한 방법이 없다.

급기야는 호신용 불꽃을 활활 피워 차량 앞에 던진다. 그제야 자율주행 차량이 멈추어 선다.

이 모든 일은 상상의 산물이 아니다. 2023년 8월 웨이모와 크루즈라는 두 업체에 자율주행 택시 영업을 전면적으로 인가해 준 미국 샌프란시스코에서 일어난 일이다. 영국처럼 길이 좁아 아예 교행이 불가능한 것도 아니고, 원형 교차로가 있는 것도 아니고, 보행자 절대 우선 교차로가 있는 것도 아니고, 푹푹 패인 상처로 도로 노면 상태가 지극히 불량한 곳도 아니고, 차선 간 경계선이 있는지 없는지 모를 정도로 정보량이 부족한 도로도 아니고, 비가 추적추적 끊임없이 내리고 살얼음이 어는 고약한 날씨로 낭패를 보는 곳도 아니다. 널따란 폭의 길이 반듯하게 잘 나 있기로 유명한 자동차 왕국 미국의 대표 도시 중 하나인 샌프란시스코다. 자율주행은 득이 크다. 운전하느라 피곤하거나 졸릴 일이 없다. 음주 운전에 걸릴 이유도 없다. 인명피해 역시 비 자율주행 차량에 비해 훨씬 적다. 크루즈가 제시한 샌프란시스코에서의 첫 백만 마일 데이터는 자율주행 차량의 빛나는 승리를 보여준다. 인간이 운전한 차량보다 충돌 사고가 65퍼센트 감소한 것으로 나타났다. 상해를 야기한 차량 충돌의 경우는 74퍼센트나 줄었다. 하지만 간과한 것이 있다. 불을 제때 끄지 못해 발생한 재산 피해, 차량 정체, 길이 막힌 구급차와 이송 지연으로 사망한 환자 등은 자율주행 차량의 안전성 통계에 반영되지 않는다. 샌프란시스코에서 벌어진 일은 실험실에서 만들어진 기술이 아무리 완벽하다고 해도 현실 세계에 적용하다 보면 일어나는 피할 수 없는 현상이다. 아무리 상상력을 발휘해 시나리오를 짜 보아도 예상 밖의 일이 벌어진다.

그럼 어떻게 해야 할까? 가장 먼저 떠오르는 해법은 자율주행 기술 발전에 더욱 힘쓰는 것이다. 현실에서 벌어질 각종 기이한 일을 상상해 보며 시나리오를 훨씬 다양하게 짜고 대응을 학습시키는 것이다. 도로 인프라도 자율주행 기술에 맞추어 정비해야 한다. 도로에 일정한 간격으로 가로등을 설치했던 것처럼, 3차원 물체의 유무와 거리를 측정하는 필수 센서인 라이다를 배치하는 것도 충분히 고려해 볼 만하다. 치열한 경쟁의 결과로 라이다의 가격도 많이 내려갔다. 구글의 자율주행 차량은 2백 미터 반경 내에 있는 주변 모든 사물의 정밀한 3차원 이미지를 만들어내는 라이다를 지붕에 달고 다녔다. 벨로다인이라는 회사에서 제작한 센서로 단가가 7만 달러에 달했다. 이후 라이다의 성능은 높이되 가격은 낮추는 경쟁에 많은 회사가 뛰어든다. 델파이와 쿼너지는 합작하여 자동차의 코너에 설치하는 라이더 장치를 2015년 개발하고 하나당 2백 달러 이하, 그러니까 총 설치비 1천 달러 아래로 자율주행이 가능한 핵심 기술을 갖출 수 있다고 공표했다. 벨로다인, 루미나, 이노비즈, 우스터, 발레오, 로보센스도 경쟁에 뛰어든다. 2010년대 선두 주자였던 쿼너지는 후발 주자와의 경쟁에서 점차 밀리고 만다. 기술력과 시장 점유율에서 우위를 확보하는 데에 실패해 2023년 파산 신청을 하기에 이른다. 구글 자율주행차의 후신인 웨이모는 다른 길을 걸었다. 2011년경부터 라이다를 자체 개발하기 시작한다. 성능은 올리고 가격은 낮추면서도 자사의 자율주행 기술과 짝을 맞추는 센서 개발도 가능해진다. 다른 기업에 라이다를 판매하는 일도 중단하고 오직 기술 우위 확보에 매진하고 있다.

반경 2백 미터 내에 들어오는 것들을 정밀하게 파악하는 라이다 센서를 4백 미터 간격으로 쭉 설치해 주면 빈틈 없이 모든 것을 읽어 낼 수 있다. 높은 곳에 설치된 라이다는 지면에 달라붙은 차량의 지붕이나 코너에 달린 것과는 시계가 다르다. 창공에서 세상을 내려다보는 매처럼 넓은 시야를 확보할 수 있다. 먼발치의 도로 상황, 곡률, 사고, 장애물 등의 정보를 한 치의 오차도 없이 정밀하게 전달해 줄 것이다. 신호등, 안내판, 가로등, 이정표, 노면 상태, 사고 차량, 날씨 등 모든 정보를 실시간으로 연계 관리하며 막힘없는 흐름을 연출해 내는 지능형 도로에 한발 다가설 수 있게 된다. 자동차는 도로의 라이다가 제공하는 정보를 5G 또는 6G와 같은 초고속 통신망을 통해 실시간 전달받으며 판독하는 소프트웨어를 갖추면 된다. 차량에는 라이다를 달지 않아도 되니, 센서의 부하가 줄고 안정성이 향상되며 자율주행 기술의 성능이 좋아지고 차량 생산 비용도 절감될 것이다.

하지만 애매한 구석이 있다. 도로 인프라를 자율주행 기술에 맞추어 정비하자는 이야기는 혁신적인 것 같다. 웨이

모, 크루즈, 오로라처럼 라이다를 주 센서로 하되 레이다와 카메라를 결합해 자율주행을 실행하는 쪽이나 벨로다인, 루미나, 인노비즈처럼 라이다를 생산하는 쪽에서 보면 정말 좋은 아이디어다. 도로에 세금으로 수천만 개의 라이다를 까는 것은 분명 판을 바꾸는 혁명이다. 라이다 하나의 가격을 5백에서 1천 달러로 잡고, 하부 지지대 설치, 센서 부착, 전원 공급 등을 포함한 설치비용을 2천 달러로 계산하고, 미국의 총 도로 길이를 약 1,100만 킬로미터로 상정해 보자. 4백 미터 간격으로 라이다 센서를 깔면 모든 도로 상황이 순탄한 경우에도 최소 2,650만 개의 라이다가 필요하다. 라이다 센서 가격과 설치비를 합하면 총 사업비는 870조에서 1,050조 원이 든다.

이게 정말 필요한 일이고 지혜로운 투자일까? 테슬라처럼 카메라 기반으로 자율주행을 실행하는 입장에서 보면 굳이 도로에 막대한 비용을 들여 라이다 센서를 설치할 이유가 없다. 카메라로 실시간 촬영한 주변 환경 정보를 인공지능 신경망이 분석한 후 주행 경로를 짜고, 동시에 베테랑 운전자의 주행 패턴을 ─ 차량의 속도, 운전대를 돌린

속도, 운전대를 돌린 각도 등 - 비교 분석해 최적의 주행 시나리오를 만들어낸다. 라이다를 도로에 설치하자는 의견은 자율주행의 성능 향상을 위한 순수한 아이디어일 수도 있다. 하지만 특정 기술의 주도권을 확보하고 상업적 성공을 담보하려는 전략일 수도 있다.

도로에 라이다를 일정한 간격으로 장착하자는 주장을 듣고 있으면 헨리 포드가 일구어낸 자동차 왕국의 역사가 오버랩된다. 자동차 가격이 2,500에서 3천 달러 정도 하던 1921년의 일이다. 포디즘이라 불리는 생산 방식 혁명을 통해 모델 'T'를 850달러에 출하하자 사전 주문이 1만 5천 대에 육박한다. 하지만 문제가 있었다. 차는 마련되어 있으나 달릴 도로가 없었다. 그러자 포드는 도시를 자동차에 맞추어 재편하자는 주장을 편다. 〈미국의 도로(The American Road)〉라는 35분짜리 홍보 영화도 이런 맥락에서 제작된 것이다. 초반부는 마차를 타고 다니는 삶의 비애를 그린다. 비애를 그린다고 하지만 톤은 살짝 코믹하다. 여행자는 질척한 길에 바퀴가 빠져 옴짝달싹 못 하다 기차를 놓치고 만다. 의사가 제시간에 도착하지 못해 환자는 결

Ford HIGH PRICED QUALITY
IN A LOW PRICED CAR

국 숨을 거두고 마는 안타까운 장면도 나온다. 반면에 모
델 'T'를 소유한 이의 삶은 장밋빛이다. 차가 앞뜰에 도달
하자 아이들이 부모보다 먼저 신나게 뛰쳐나와 올라탄다.
다만 이 중산층 가정의 행복을 가로막는 것이 하나 있다.
아직 도로가 제대로 갖추어지지 않은 것이다. 도로가 아예
없는 곳도 태반이고, 있더라도 흙밭이나 자갈밭인 경우도
많고 교행이 불가할 정도로 폭이 좁은 경우도 있다. 도로
망을 국가의 세금으로 깔라고 부추기는 민간 회사가 만든
이 자동차 홍보 영화가 제작된 것은 1953년이다. 노르망
디 상륙작전의 총사령관 드와이트 아이젠하워 사령관이
대통령으로 취임하던 해다. 1930년대의 대공황과 1940년
대의 세계대전 중에는 말을 꺼내지 못하고 있었다. 그러다

† 모델 'T' 광고(1908)

가 승전 후 부흥기가 오자 때를 놓치지 않고 미국 전역을 동서남북으로 바둑판처럼 가로지르는 고속도로망을 짜고 도시 내부 간선 도로망을 정비하자는 홍보 영화를 만든 것이다.

포드가 미국을 만들었다고 한다. 포드의 꿈을 좇아간 대부분의 미국 도시들은 자동차를 위해 만들어진 환원 도시의 끝판왕이다. 수십 마리의 뱀이 서로 엉켜 똬리를 튼 것처럼 수십 개의 교차로가 수직으로 적층되는 스펙터클의 탄생, 교외의 발달, 다운타운과 보행 가로의 붕괴, 초거대 규모 쇼핑몰의 등장, 텍사코와 같은 석유회사의 성공 이야기는 자동차 공화국의 단골 무용담이다. 77억 세계 인구의 4.2퍼센트에 해당하는 국가가 2023년 기준으로 16.5퍼센트에 이르는 에너지를 소진하는 이면에는 자동차 공화국이라는 사실이 큰 몫을 하고 있다. 기차, 전차, 버스를 중심으로 한 대중교통망과의 전쟁에서 자동차가 완승을 거둔 결과다. 시간표에 매이지 않고 언제든지 구석구석으로 달리는 '사적 공간'의 로망! 개인주의, 가족주의, 중산층주의 그리고 자유라는 이데올로기의 빛나는 승리다.

특정 기술에 맞추어 완벽하게 환원된 도시! 이곳에서의 삶은 항상 장밋빛일까? 미국에서 직장 생활을 하던 시절, 출근길 라디오에서 들은 사연 하나가 떠오른다. 어느 일용직 비혼모가 아침에 일어나 평소처럼 자동차 키를 돌려 시동을 걸려 한다. 2000년대 초반 모델로 18만 7천 마일을 달린 중고 차량이다. 그런데 맙소사, 시동이 걸리지 않는다. 출근 시간이 코앞이다. 가슴이 덜컹 내려앉고 머릿속이 새하얘진다. 대중교통을 이용하려 해도 뾰족한 방법이 없다. 버스 정류장은 5킬로미터 떨어져 있다. 그나마 버스가 자주 다니지도 않는다. 택시를 부르려니 40여 킬로미터를 달려야 하는데 비용을 감당할 수 없다. 사연의 주인공은 결국 출근을 못 했고, 직장을 잃었고, 아이를 키울 수 없게 되었다. 눈물을 흘리며 죄책감 속에 아이를 위탁 시설로 보내게 된다. 미국의 교통 체계를 대중교통 기반으로 재편해야 한다고 주장하는 시민단체의 대표자가 라디오에서 인터뷰하며 들려준 이야기다. 모델 'T'에 올라타 도로를 신나게 질주하는 중산층의 행복은 중요하고, 대중교통 시스템의 부재로 출근을 못 하고 직장에서 해고되고 아이를 위탁시설로 보내는 불안한 삶을 살아가는 이들의 삶은 중요하지 않은 것일까?

자율주행 기술은 앞으로 어떤 역할을 수행할까? 직접 운전대를 잡지 않고 영화를 보고 게임도 하며 오갈 수 있으니 교외가 살아나고 쇼핑몰이 활기를 띠는 자동차 공화국의 또 다른 부흥기를 가져올까? 아니면 그동안 자동차 공화국이 빚어온 과오를 바로잡고, 제대로 된 대중교통 기반으로 교통망을 재정비하는 중요한 역사적 전기가 될까? 20세기 중반 도로를 깔라는 홍보 영화를 만든 자동차 제왕 포드의 이야기와 21세기 초반 라이다를 일정한 간격으로 설치하자는 주장을 나란히 놓고 생각해 본다. 순진무구한 문명의 진보를 이루는 것이니 좋은 거 아니냐고 넘기기에는 꺼림칙하다. 훗날 어떤 도시가 우리 앞에 나타날 것인지 묻지 않을 수 없다. 무엇을 지향하는지, 누구를 위한 것인지 묻지 않을 수 없다.

5대 스마트도시 중 하나로 선정된 영국 케임브리지에 잠시 살면서 깨달은 것이 있다. 도로에는 다양한 종류가 있다는 점이다. 나타나는 것들, 복잡도, 속도, 그리고 담아내는 삶의 풍경이 다르다. 어른, 어린이, 노약자, 테이블, 의자, 벤치, 강아지, 자전거, 오토바이, 차량이 뒤엉키는 곳이 있는가 하면 차량, 보행자, 자전거가 금이 그어진 각자의 영역에서 움직이다 교차로에서 조심스럽게 조우하는 곳도 있고, 자전거와 차량이 쌩쌩 내달리는 곳도 있고, 차량만을 위한 전용도로도 있다. 도로마다 적용되는 기술의 수준과 지향점이 다르다. 고속도로는 공항의 전용활주로

† 영국 케임브리지의 도시 풍경

와 진배없다. 개미 한 마리도 얼씬거릴 수 없다. 고속주행을 위한 완벽한 조건을 갖추고 있다. 아무런 방해도 받지 않고 마음껏 자율주행을 구가할 수 있다. 풀어야 할 조건들도 단순하기에 기술 개발도 성과를 빨리 낼 수 있다. 하지만 동네 길에서까지 완벽한 자율주행을 구사하려는 시도는 어쩌면 신기루에 가깝다. 불가능한 것은 아니나 비효율의 문제에 직면한다. 많은 것이 엉키고 무슨 일이 발생할지도 모르는 생생한 일상의 상황을 완벽하게 예측하고 제어할 수는 없다. 자칫하면 불필요한 기술을 개발하는 데에 자원과 인력을 무분별하게 탕진하는 꼴이 되고 만다.

그렇다면 모든 도로를 자율주행이 원활하게 기능할 고속도로처럼 만드는 건 어떨까? 미국의 도시들은 이런 조건에 이미 상당히 부합한다. 중세부터 르네상스를 거쳐 근대와 현대에 이르기까지 수많은 층이 퇴적된 나잇살 먹은 유럽의 도시와는 다르다. 거실 측면의 문을 열고 나가면 곧장 차고다. 쇼핑몰까지 차를 몰고 가는 동안 우연한 사건이 끼어들 여지 없이 수도관의 물이 흐르듯 줄줄 흘러간다. 예측 불가능한 상황을 최대한 제거한 황량한 차량 전용도로의 연속이다. 이런 곳에서는 자율주행 기술이 손쉽게 뿌리내릴 수 있다. 하지만 안타까운 부분이 있다. 자동차 공화국은 바뀐 게 없고 오히려 생명줄을 연장한다. 대중교통 선택지가 없어 삶이 절망의 나락으로 떨어진 라디오 사연자의 이야기도 그래서 계속 튀어나올 것이다. 특정 기술이 독점한 '흐름'을 유유자적 탈 수 있는 사람들과 소외된 사람들 사이의 영역화, 차별, 불평등, 충돌, 긴장, 불안, 불신 등 도시의 종언을 고하는 조건들이 은밀하게 자라난다. 이들이 서로 만나 얼굴을 보고 잠시나마 공존의 풍경을 만들어 나갈 생생함의 보고인 '거리'가 사라진 황량한 도시의 운명이다. 잠시 패권을 잡고자 자기를 버티어 준 지반인 도시를 스스로 깎아 먹는 것과 다름없다. '스마트'하다고 하나 자기 꾀에 스스로 빠지는 격이다.

케임브리지에서 운전하며 또 하나 깨달은 것이 있다. 더 의미심장한 부분이다. 13세기 초 캠강 주변에 세워진 대학을 중심으로 만들어진 이 아름다운 도시에서는, 꾸물거리는 앞차를 2초도 참을 수 없는 성질 급한 한국인에게는 기적에 가까운 일이 매일 아침 일어난다. 중세 원도심으로부터 외곽으로 도시가 커나가면서 출근 시간마다 외곽에서 원도심으로 들어오는 길이 꽉꽉 막힌다. 코너마다 세워진 센서와 모니터를 통해 실시간으로 차량, 자전거, 보행자 숫자를 포착하고, 이를 바탕으로 패턴을 분석한다. 교통을 분산시키고, 원도심 진입부에 세워진 주차장마다 몇 대의 주차가 가능한지 실시간으로 알려준다. 그런데 이런 스마트 지능형 통제에 의해서만 흐름이 만들어지는 것이 아니다. 놀라운 교통문화가 자리 잡고 있다. 상향등을 켜서 우회전 의사를 밝히는 반대편 차를 위해 가던 길을 멈추고 길을 내어준다. 뒤차들도 태연하게 기다려준다. 자전거 운전자가 오른손을 들어 수신호를 보내면 차량이 멈추어 앞으로 서도록 해 준 뒤 반대편으로 건너갈 때까지 느긋하게도 - 열불나게도 - 기다려준다. 골목길에서 차를 몰고 나오다 2차선 도로를 만난다. 건너편 차로까지 가로질러 끼어들어야 하는데, 양쪽 차선 다 차들이 쭉 늘어서 있어 난감하다. 하지만 자그마한 기적이 일어난다. 오른쪽에서 오던 차가 멈추고, 반대편 차도 속도를 줄여 상향등을 깜박거리며 들어오라고 공간을 내준다. 경적 한 번 나지 않는 것이 참으로 놀라울 뿐이다. 매일 아침 특정 시간대에 각 도로 위의 차량, 자전거, 보행자 숫자를 파악하고 속도가 얼마인지 데이터를 구축하여 패턴을 예측하고 운전자에게 루트를 제안할 수는 있지만, 데이터가 드러낼 수 없는 것은 바로 이 패턴의 기초는 사람 사이의 소통이라는 것이다. 케임브리지가 5대 스마트도시 중 하나로 선정된 이면에는 이런 진실이 자리 잡고 있다. 흐름을 만드는 것은 지능형 관리와 사람 간의 소통이었다.

서두에 던졌던 질문으로 돌아가 보자. 자율주행 시대에 운전학원은 사라지는 걸까? 케임브리지의 학원은 운전 기술만을 가르치는 곳이 아니다. 다른 이의 존재를 확인하고, 수신호는 어떻게 보내는지, 상향등은 언제 켜는지, 원형 교차로는 누구부터 들어가는지 등 소통하는 법을 배우는 곳이다. 오랜 시간을 거쳐 다듬어진 약속과 규칙을 알려주는 곳이다. 사람 사이의 소통이 지능형 관리와 시너지를 일으키며 케임브리지를 스마트도시로 만들어낸 것이다. 운전자는 기술자만은 아니다. 기술자이기에 앞서 시민이다. 골목 곳곳을 누비고 다니며 시민의 안전을 일정 부분 책임지는 아마추어 경찰이기도 하고, 눈을 맞추고 미소를 지은 채 손짓하는 친구의 아버지이기도 하고, 탑승한 청소년에게 운전은 이렇게 하는 것이라고 간접적으로 가르치는 선생이기도 하다. 손님과 시국을 논하는 아마추어 정치인이기도 하다. 전쟁의 희생양으로 억울하게 살 땅을 잃은 설움을 표시하는 떠돌이가 된 민족의 집회장 앞을 지나다가 경적을 울려 동의를 표하는 정감 있는 백인이거나 아니면 동병상련의 이민자이기도 하다. 기계와 기계의 소통으로 치환된 도시에서는 볼 수 없는 것들이다. 우리가 주목하지 않는 운전자의 부수적인, 그래서 하찮아 보이는 역할은 사실은 도시를 살만한 것으로 만드는 데에 기여한다. 운전자의 이런 역할에 가격을 매긴다면 얼마쯤 될까? 자율주행 환원 도시! 기계와 기계의 네트워크로 소통이 소거된 도시! 꾸물거리는 앞차를 2초도 참지 못할 정도로 흐름에 목말라하는 한국인을 현혹하는 미래도시의 모습이다. 하지만 '소통이 흐름을 만든다'라는 평범한 사실은 한 번은 짚고 넘어갈 일이다.

열일곱.

스마토피아와 인간 노스탤지어

　기술의 혁명적 변화는 언제나 '미래주의'라는 유파를 탄생시킨다. 25마력의 블레리오 11호기가 40분이 채 안 되는 비행 끝에 영국 해협을 횡단하고, 총알처럼 달려가는 4기통 피아트 스포츠카의 놀라운 마력에 매료되었던 1900년대 초반이 그러하였다. 시어스의 워키토키, 8비트 애플 컴퓨터, 모토로라의 휴대폰, 소니의 워크맨, 아폴로 우주선의 달 착륙, 올드햄 병원에서 탄생한 최초 시험관 아기가 신세계에 대한 꿈을 불어넣었던 1960년대와 1970년대도 그러하였다. 빅데이터와 인공지능이 주도하는 제4차 산업혁명이 열풍을 일으키고 있는 지금 이 순간도 마찬가지다.
　'미래주의'의 열풍과 짝을 맞추어 나타나는 것은 유토피아 도시안이다. 1910년대에 이탈리아의 미래주의자 안토니오 산텔리아가 그린 기계문명이 지배하는 입체 도시의

이미지가 대표적이다. '새로운 도시(La Citta Nuova)'라고 불리는 이곳에는 나무 한 그루, 풀 한 포기, 구름 한 점 보이지 않는다. 사람도 모두 사라지고 없다. 대신 기계가 주도하는 '흐름'이 강조되어 있다. 코너에 수직 엘리베이터 타워를 세워 돋보이도록 하고, 건물도 역동성을 포착하려는 듯 위로 올라갈수록 물러나는 대각선 프로파일을 하고 있다. 지상층은 고속도로, 간선도로, 기찻길, 타워형 교각, 아치, 트러스, 브리지 등 거대 규모의 토목 구조물이 입체적으로 엮여 있다. 신식 교통수단이라면 다 받아들일 준비

---

† 1909년에 촬영된 영국해협을 최초로 횡단한 루이 블레리오가 블레리오 XI를 탄 모습

를 마친 도시다. 1960년대와 1970년대에도 수많은 이미지가 쏟아졌다. 아키그램이라는 건축가 그룹은 어린아이처럼 천진난만한 상상의 나래를 폈다. 거대한 벌레 같은 구조물이 뉴욕 허드슨강 위를 성큼성큼 걸어 다니는 이동형 도시를 꿈꾸었다. 일군의 일본 건축가들이 도쿄만으로 진출하여 바다 위에 공중 도시를 짓자고 제안한 것도 이 시기다. 도쿄 시내에도 빈틈을 찾아 거대한 거석 기둥을 박고 창공으로 올라가 주거, 업무, 상업, 옥상정원이 어우러진 도시를 만들자는 제안을 한 이도 있었다.

† 안토니오 산텔리아, 〈미래도시〉(1913)

사우디아라비아가 건설 중인 네옴 같은 도시의 청사진
도 유토피아의 계보를 잇고 있다. 저항에도 좌고우면하지
않고 직진하는 박력, 독백을 내뱉으며 혼자 진군하는 리
더의 카리스마, 사막의 척박한 풍토를 테마파크의 낙원으
로 변신시킬 신기술의 집적, 정신을 혼미하게 만드는 이미
지와 수사, 매끈한 조형이 매력적이다. 홍해로부터 평탄한
사막으로 진입하고 다시 건조한 산악지대를 넘어 눈이 내
리는 고산지대까지 쭉 내달린다. 폭 2백 미터, 길이 170킬
로미터의 일자형 도시다. 정교한 칼로 대지에 문양을 새긴
것 같은 심대한 대지예술의 풍모가 느껴진다. 해수를 담수
로 바꾸는 공장지대, 데이터 센터, 물류 센터, 태양광 패널
과 풍력 발전기가 늘어선 지대를 하나씩 지나, 도시 내부
로 입성하면 그랜드캐니언의 골짜기를 부유하는 듯한 장
관이 펼쳐진다. 에어택시들이 공항, 테마파크, 쇼핑몰, 주
거지 사이를 분주히 오가고 있다. 푸른 물이 출렁거리는
수영장에 몸을 담근 채 로봇이 배달해 온 칵테일을 마시
는 연인, 펜트하우스에서 웃통을 벗어젖히고 재택근무하
는 IT 기업의 CEO와 엔지니어들, 석양을 바라보며 수평

선이 선사하는 절대적 평화를 만끽하는 노년의 부부는 일말의 어둠살도 없이 환하고 행복해 보인다. 170여 킬로미터를 주파하는 데에는 20분이면 충분하다. 홍해의 신달라(Sindalah Island)로 나가 요트를 타고 지인들과 선상 파티를 즐긴다. 반대로 달려 트로제나(Torojena)로 가면 자연설과 인공설이 뒤섞인 유려한 곡선형 트랙을 따라 언제든 스키를 즐길 수 있다. 프라이빗한 호텔 객실이 암반 사이에서 자라난 다육식물처럼 곳곳에 들어서 있다. 방에 들어앉아 바라보는 풍경은 장관이다. 장장 수백 미터나 되는 인피니티풀에 비친 거칠고 투박한 돌산과 붉은 하늘의 그림자가 숭고한 파노라마처럼 펼쳐진다. 사막에 피어난 초현실주의적인 낙원은 마침 자유의 땅이기도 하다. 여성들이 히잡을 쓰지 않아도 되는 곳이다. 신기술을 집적한 삶의 터전에 자유분방한 생활양식을 결합하였다. 기술과 자유의 이데올로기가 짝을 이룬다.

'미래주의'의 열풍과 짝을 맞추어 나란히 등장한 유토피아 도시 안은 모두 백지상태의 벌판으로 나아가 새로운 질서를 갖춘 신세계를 꿈꾼다. 기존 도시에 대한 실망, 혐오,

증오가 깔려 있다. 역사상 가장 과격한 언사로 이런 성향을 드러낸 이는 아마도 '미래주의'의 창시자 필리포 마리네티일 것이다. 1915년 7월 말, 일명 '롬바르드 사이클 자원대(Lombard Battalion of Volunteer Cyclists and Motorists)'의 일원으로 오스트리아와의 전쟁에 참여하기 위해 밀라노 시내를 행군하는 군인 무리 중에 마리네티가 끼어 있었다. '미래주의'의 동지들인 움베르토 보초니, 루이지 루솔로, 마리오 시로니, 산텔리아도 함께 행군하고 있었다. 밀라노의 여성들은 모두 발코니로 뛰쳐나와 환호를 내지르고 손키스와 함께 사탕과 담배를 아낌없이 길거리로 뿌렸다. 하늘에는 세 대의 비행기가 녹색, 흰색, 붉은색 천을 나란히 편 채로 속도를 맞추어 저공비행을 하고 있었다. 마리네티는 보무도 당당하게 시내를 관통한 후 130여 킬로미터 떨어진 가르다 호수의 남쪽까지 자전거를 타고 달렸다. 마리네티를 비롯한 미래주의자들은 억지로 전쟁터로 끌려간 것이 아니다. 오스트리아와의 전쟁을 부추겼고 자원하여 참전하였다. 역사적 앙금이 남아 있는 오스트리아에 대한 적대감도 동기였지만, '미래주의'의 신조도 한몫

하였다. 그들이 꿈꾸는 새로운 세상을 만드는 데에 전쟁만
큼 효과적인 것이 없었기 때문이다. 석조건물 철거에 사용
하는 둔중한 망치와 정으로, 포격으로, 폭탄 투하로, 일말
의 연민 없이 기존 도시를 파괴하는 것이 유토피아를 건
설하는 첫 단추였다. 전쟁 자체는 첨단 기계문명의 경연장
이기도 하였다. 하얀 너울을 달고 창공을 가르는 전투기의
대열, 고막을 찢을 듯한 기관총, 육중한 돌을 쌓아 만든 성
당을 자갈밭 정도로 산산조각 내는 탱크, 섬처럼 멀찌감치

---

† 1916년에 촬영된 필립포 마리네티(가운데)를 비롯한 미래주의자들의 모습

바다에 떠서 해안을 향해 포탄을 퍼붓는 전함의 맹렬한 포신 – 기계의 힘, 에너지, 율동, 속도 그리고 나신(裸身)처럼 육감적인 몸체까지 모든 것이 마리네티와 그의 추종자들에게는 짜릿하였다.

하지만 마리네티의 주장 중 가장 과격한 대목은 전쟁에 관한 것이 아니다. 기계 유토피아에 걸맞은 기계형 신인간의 탄생을 역설하는 대목이다. 단순히 바뀌는 정도가 아니라 근본적으로 DNA를 개조하는 신종의 탄생을 꿈꾸었다. 사랑, 연민, 모성애, 부정, 우정을 갈망하는 것은 구형 인간의 징표다. 휴머니티의 거추장스러운 찌꺼기를 다 털어내고 냉철한 기계로 다시 태어나는 것, 이것이 질적으로 다른 새로운 자유의 세계로 입성하는 티켓이었다. 기계형 인간은 겉모습도 바뀌어야 한다. 루브르에 전시된 인류의 명작 〈사모트라케의 니케〉는 날 수 없었기에 날개 달린 신화적 인물을 통해 대리만족을 추구했던 구형 인간의 연약함을 확인시켜 주는 과거의 유물일 뿐이다. 기계문명 시대에는 실제로 신처럼 날고 달리는 신인간이 등장해야 한다. 가슴 중앙이 뾰족하게 돌출되고. 허벅지와 종아리의 근육

† 작자 미상, 〈사모트라케의 니케〉(1880)

† 움베르토 보초니, 〈공간 속에서의 연속적인 단일 형태들〉(1913)

이 불끈 튀어나오며, 바람을 가르고 거침없이 앞을 향해 달리는 자세를 취하고 있는 보초니의 청동 조각상이 마리네티에게 찬사를 받은 이유다.

유토피아 건설을 위해 열정적으로 아방가르드의 선봉에 섰던 30대의 마리네티가 현대로 귀환한다면 어떤 일이 벌어질까? 빅데이터와 인공지능이 펼쳐내는 기술혁명에 매료되고, 어쩌면 '인간 지우기'라는 그의 꿈이 실현되리란 희망에 흥분하지 않을까 싶다. 슈퍼인텔리전트 인공지능과 인간의 뇌가 하나의 생태계를 형성할 순간이 다가오고 있다. 내 뇌리의 일부가 되어 연약한 인간으로서는 볼 수 없고, 기억할 수 없고, 추론할 수 없는 것을, 보고 기억하고 추론하도록 도와준다. 구석구석에서 실시간으로 모아 온 방대한 데이터를 입체적으로 분석하여 '나도 모르는 나'를 발견하게 도와준다. 칠레의 시인 파블로 네루다의 "잘 모르겠어…그것이 겨울로부터 왔는지 강으로부터 왔는지."라는 고백은 창작의 영감이 뿜어져 나오는 지목할 수 없는 신비로운 심연을 찬미하지만, 이 심연마저도 인공지능 앞에 곧 적나라하게 발가벗겨질지 모른다. 푸코가

점친 것처럼 인간은, 파도가 들고 나면 흔적 없이 사그라들고 마는 바닷가에 쌓아 올린 모래성의 운명을 조만간 맞이할 것인가?

인간을 지우려고 했던 인간 마리네티! 40대로 들어서면서 부드러워진 면모가 엿보인다. 제1차 세계대전 전장에서 쓴 글은 이전과는 뉘앙스가 다르다. 브루노 코라와 같이 쓴 『키스의 섬(L'isola dei baci)』은 차가운 참호 속에서 뻣뻣하게 경직된 신체와 마음을 녹일 사랑의 이야기를 들려준다. 등장인물 중 하나인 마리네티는 폴 드 리텐 백작 부인의 지성과 아름다움에 끌리고 그녀의 마음속에 자리한 슬픔을 감지하며 연민을 느낀다. 두 사람 사이에 정서적 유대가 깊어지고 마침내 사랑의 키스를 나누게 된다.

"키스는 길고 무의식적이며 홀린 것 같고
비논리적이며 숭고했다.
달에서, 바다에서, 어둠에서
아니면 어느 별에서 달려 내려온 것처럼."

백작 부인을 자연과 우주의 창조자로 찬미하며 달콤한
사랑의 송가도 부른다.

"당신은 아름다움과 매력의 기적입니다.
이처럼 달콤한 밤에 우리 앞에 놓인 향기와
달빛이 가득한 바다의 낙원을 기적적으로
창조해 낸 것은 바로 당신입니다."

마지막으로 연인을 지키겠다는 다짐 또한 덧붙인다.

"두려워하지 마세요. 제가 여기 있습니다.
당신의 가장 좋은 친구로 당신을 지킬 겁니다."

여성을 미워하고 가정의 타파를 외치고 모성의 무용을
논하고 전통과 우상을 파괴하여 흔적도 없이 밀어 버리자
던 30대의 마리네티와는 다르다. 남성 중심적 사고를 드러
내고 파시즘을 지지하며 지배의 야욕을 노골적으로 표출
하던 마리네티는 사라지고 없다.

가르다 호수 북동쪽에 자리한 제1차 세계대전의 격전지 돌로미티를 방문한 적이 있다. 늦가을이었다. 오뉴월에 왔더라면 에델바이스, 겐티아나, 라일락을 볼 수도 있었을 텐데 이미 때를 놓쳤다. 대신 지면을 덮은 관목, 카펫 같은 방석식물, 그리고 바위를 뒤덮은 이끼와 지의식물이 고산지대에서도 꿋꿋이 버티며 살아가고 있었다. 눈을 들어 보니 깎아지른 암반이 끝 모르고 너울처럼 줄지어 솟아 있다. 영구 설선(雪線)을 경계로 하얀 모자를 덮어쓴 암반도 눈에 들어온다. 잠시 정처 없이 걷는다. 전쟁의 흔적이 곳곳에 남아 있다. 참호는 바람을 겨우 막아 줄 뿐이니 야밤이 되면 냉동고와 다를 바 없다. 오스트리아와 전쟁을 치르는 동안 추위에 오들오들 떨었을 롬바르디아와 베네치아에서 차출된 병사들의 모습을 떠올려 보았다. 몸만이 아니라 마음도 쉴 새 없이 오들오들 떨었을 것이다. 마리네티는 이들을 위해 펜을 잡았다. 야만이 지배하고 살육이 만연한 곳이다. 냉혈한처럼 적을 살해해야 하는 전쟁통이다. 모두가 상처를 안고 힘들게 버티어 가는 곳에서 파괴적 본능을 선동할 필요는 없다. 이제 따뜻함, 부드러움,

달콤함을 찬미한다. 인간은 사랑, 연민, 모성애, 부정, 우정 같은 휴머니티의 거추장스러운 찌꺼기를 다 털어낸 냉철한 기계로만 살아갈 수 없다는 사실을 깨달은 것 같다. 반반한 바위 위에 거만하게 올라서서 고달픈 병사들을 앞에 앉히고 코믹한 사랑의 희극을 읽어 내려갔을 마리네티를 상상해 본다.

무언가를 얻는 만큼 무언가는 상실하는 것이 문명의 속성이다. 한쪽으로 쏠리면 반대 방향으로 움직이며 균형을 회복하려는 운동이 반복된다. 대극을 오가는 진자운동은 삶을 돌려 온 영원한 원리 중 하나다. 이성과 감성, 냉정과 열정 사이에서 진자운동을 한다. 한 세기가 지나고 보니 30대의 마리네티가 꿈꾸던 인간 지우기에 한층 다가선 것 같다. 하지만 마냥 좋아할 수만은 없다. 얼굴을 상실한 채 익명의 시스템 속으로 점점 빨려 들어간다. 지능형 기계들이 알아서 돌리는 세상이 오고, 인간은 존재 자체가 애매모호한 지경에 다다르거나 아예 종말을 맞이할지도 모른다. 클릭 한 번으로 아니면 버튼 하나로 조작해도 부담이 없다. 어차피 얼굴을 상실한 익명의 세계에서 무한의 점으로 포진한 군단을 원거리에서 다루고 있을 뿐이다. 물 흐르듯 흘러가는 지능화된 세계의 점들은 인간 노스텔지어로 병든 가슴을 안고 살아갈 것이다. 공력을 들인 것에 비하면 약간은 허망한 유토피아다. 허망함을 메우고자 진자는 또 반대로 움직일 것이다. 30대의 마리네티가 40대의 마리네티로 이동했던 것처럼 말이다.

열여덟 .

유토피아와 콜라주

콜라주의 천재 파블로 피카소는 자신의 예술에 과거도 미래도 존재하지 않는다고 이야기하였다. 시간은 먼 미래의 이상을 향하여 진화하거나 전진해 나아가는 것이 아니다. 시작이 있고 더 나은 미래를 향해 나아가는 직선의 도정을 따르는 것이 아니다. 항상 현재를 위해 만들고, 영원히 현재로 남기를 갈망한다. 직선으로 달려야 한다는 부담감을 떨쳐 버린 시간! 열등한 옛것을 벗어버리고 계속해서 전진해야 한다는 미래에의 종속으로부터 해방된 시간! 이 시간 개념 속에서 아프리카의 뿔과 유럽의 신문지 조각을 가져다가 자유롭게 조합한 콜라주가 탄생했다.

피카소는 콜라주라는 말을 도시에 적용하지는 않았다. 하지만 로마를 보면 콜라주라는 말을 도시에 적용하여도 틀린 것이 아니라는 생각이 든다. 사실 로마는 아름다운 콜라주다. 조각보를 덧대듯, 이음을 통해 성장한 도시다. 우세종이 지배하는 곳이 아니라 이질적인 것들이 서로 충돌하였다. 목숨을 걸고 한 치의 양보도 없는 가치관 싸움을 벌이다가 어느 순간 서로를 용인하고 공존의 시대를 열었다. 타협, 화해, 해학, 포용의 정치적 산물이다. 이 흔적들이 로마의 육신에 각인되어 있다.

로마가 처음 둥지를 튼 곳은 테베레강 동쪽이었다. 로마인, 사비니족, 에트루리아인, 귀족, 하층민, 외국인들이 일곱 개의 언덕에 둥지를 트고 살았다. 뛰어난 수리공학 기술을 갖춘 에트루리아인들이 - 현대 토스카나와 움브리아 지역의 선주민(先住民)들이다 - 언덕 사이에 자리한 늪지대의 물을 빼고 단단하고 평평한 땅으로 바꾼 것은 기원전 7세기의 일이다. 광장, 신전, 시장, 환전 거래소, 회의장을 모아 놓은 포럼이 들어섰다. 공화정과 황제정이라는 정치체제가 펼쳐지는 동안 포럼 로마눔, 아우구스투스 포럼, 트라야누스 포럼과 같은 다양한 공공공간이 일상생활의 중심으로 자리 잡는다.

테베레강 너머 바티칸 언덕으로 로마가 급속도로 확장

된 것은 4세기의 일이다. 64년경 네로의 경기장에서 베드로는 십자가에 거꾸로 매달려 순교한다. 콘스탄티누스 대제에 의해 그리스도교가 공인되고, 가톨릭의 본산 〈성 베드로 대성당〉이 들어선다. 하드리아누스 황제의 묘지인 〈산탄젤로성〉으로 인도하던 2세기에 축조된 '산탄젤로 다리'의 쓰임새가 달라진다. 다리를 건넌 후 왼편으로 틀어 〈성 베드로 대성당〉을 향해 전진하는 순례의 흐름이 생겨났다. 미켈란젤로가 설계한 새로운 대성당이 16세기에 완성되고, 베르니니가 설계한 성 베드로 광장은 17세기에 만들어진다. 이때까지도 대성당과 탁 트인 광장을 지나면 좁고 구불구불한 골목길의 미로가 테베레강 근처까지 뻗어 있었다. '비토리오 에마누엘레 2세 다리'가 1911년 완성되고 무솔리니 정권이 착공한, 대성당과 테베레강을 연결하는 직선 도로인 '비아 델라 콘칠리아치오네'가 1950년 공식으로 개통된다.

콜라주 도시 로마의 정수는 16세기 미켈란젤로가 교황 바오로 3세의 명을 받아 정비한 캄피돌리오 광장이다. 공화정, 황제정, 신정이 조우하는 경혈점 같은 곳이다. 광장 동편으로 가파른 절벽 아래에 공화정과 황제정의 장관이 펼쳐진다. 정적 카틸리나가 권력 사유화의 음모를 짜고 있다며 공화정 수호를 강단 있는 목소리로 외쳤던 키케로가 섰던 연단 로스트라가 눈에 들어온다. 카이사르 포럼의 〈베누스 제네트릭스 신전〉과 아우구스투스 포럼의 〈마르스 울토르 신전〉은 영원한 황권을 기원하는 송가다. 예루살렘의 전리품을 묘사한 정교한 부조로 장식한 〈티투스 개선문〉, 동방 원정의 공적을 기리는 〈셉티미우스 세베루스 개선문〉, 제국의 새로운 서막을 열었던 밀비오 다리 전투의 승리를 기념하는 〈콘스탄티누스 개선문〉, 그리고 멀리 검투사의 전장인 〈콜로세움〉이 눈에 들어온다.

반대편으로 돌아서면 다른 풍경이 펼쳐진다. 테베레강 쪽으로 지형이 점점 낮아져 간다. 중정, 광장, 성당이 잊을 만하면 나타나고 5층에서 7층 높이의 건물들로 빼곡히 채워져 있다. 강너머로 바티칸 시국이 눈에 들어온다. 캄피돌리오 광장은 바티칸 시국으로 이어지는 '비토리오 에마누엘레 2세 길'과 연결되어 있다. 이 길을 따라 걷다 보면 테베레강에 이르고, 다시 '비토리오 에마누엘레 2세 다리'

① 바티칸 시국
② 캄피돌리오 광장
③ 로마 판테온
④ 콜로세움
⑤ 팔라티노 언덕
⑥ 산탄젤로 성
⑦ 테베레강

† 16세기 중엽에 제작된 로마 지도

로 유도된다. 다리를 건너 '비아 델라 콘칠리아치오네'를 지나면 성 베드로 광장 앞에 드디어 도착한다. 광장의 끝에는 미켈란젤로가 설계한 위풍당당한 대성당이 서 있다. 왔던 길을 거꾸로 밟아가면 강을 건너 캄피돌리오 언덕에 도달하고 거기서 다시 절벽 아래 들어선 공화정과 황제정의 공간을 대면하게 된다. 로마는 공화정, 황제정, 신정의 공간이 서로 덧대어진 콜라주다.

수천 년의 역사를 가진 고도 로마가 콜라주 도시인 것은 어쩌면 당연한 일이다. 짧은 역사에도 불구하고 세계 경제와 문화의 중심지로 성장한 맨해튼은 어떨까? 언뜻 보면 이종교배가 이루어진 로마와는 다른 순종 도시처럼 보인다. 맨해튼은 완벽한 격자 도시다. 뉴암스테르담의 경계였던 월스트리트의 성곽을 부수고 북쪽으로 뻗어나가는 확장 계획이 본격적으로 마련된 것은 19세기 초다. 약 80미터와 275미터 간격으로 구획된 격자형 구조가 150번가까지 뻗어 나갔다. 5번가처럼 남북 방향으로 달리는 주도로의 폭은 30미터지만, 나머지 도로의 폭은 동서남북 모두 18미터로 통일하였다. 언덕은 밀려 평지가 되었고, 단단한 암반은 폭파되어 산산이 부서졌으며, 연못과 습지는 흙과 자갈로 메워졌고, 저지대는 흙더미로 높여져 마침내 격자 구조를 품을 반반한 땅이 완성됐다. 베르사유 정원을 만든 루이 14세를 탄복하게 할 완벽한 자연의 정복이다. 150번 가에서 멈추었던 격자 구조는 1890년대에 이르러 섬의 북쪽 끝까지 도달하게 된다. 중앙에 자리한 340만 제곱미터의 센트럴파크를 제외하면 2,800여 개의 격자가 맨해튼을 균등 분할하고 있다. 어느 한구석도 예외를 허용하지 않는다. 어디든 조건이 동일하다. 막힘없이 자유롭게 이동한다. 균질, 균형, 평등, 개방, 자유를 구현한 도시다.

하지만 맨해튼은 다른 얼굴도 갖고 있다. 격자 도시가 구현하는 균질성에 대항하려는 듯 그리니치 빌리지, 소호, 리틀 이탈리아, 차이나타운, 첼시, 할렘 등 곳곳에 자기만의 색깔을 가진 동네가 자리 잡고 있다. 그리니치 빌리지는 성소수자 운동의 발상지로 주류 문화에 대한 저항이 꿈틀거리던 곳이다. 소규모 출판사, 실험 극장, 갤러리 등이 밀집한 아방가르드의 앙클레이브(Enclave)였다. 소호는 가구공장, 철물 공업소, 직물공장, 홍등가, 그리고 블루칼라의 일터였다. 높은 층고, 커다란 유리창, 낮은 임대료에 반한 예술가들이 모여든 곳이기도 하다. 첼시의 '첼시 호텔'은 밥 딜런, 앤디 워홀, 레너드 코언이 머물며 창작활동을 했던 곳이다. 기찻길을 따라 육류 가공 공장, 냉장창고, 철물 공업소가 들어선 블루칼라의 일터이기도 하다. 차이나타운은 광동성 출신 이민자들이 특히 많았다. 선 싱 극장, 루비 극장, 캐피톨 극장에서 무협 영화를 보고 '포춘 하우스'로 옮겨 바삭하게 볶은 차오멘을 먹으며 애환을 달랜 곳이다. 시칠리아와 나폴리 출신 이민자들이 모여 살던 리틀 이탈리아도 있다. 아란치니와 피자의 고소한 향이 가득한 곳이다. 산 제나로 축제의 무대이기도 하다. 흑인 문화의 메카 할렘도 빠질 수 없다. 아폴로 극장, 스몰스 파라다이스, 클럽 845, 빅 퍼스, 렉싱턴 라운지 같은 공연장에서, 니나 시몬, 마일스 데이비스, 제임스 브라운, 슬라이 앤 더 패밀리 스톤과 같은 전설적인 아티스트들이 재즈, 퓨전 재즈, 소울, 블루스, R&B, 펑크를 연주하였다. 격자 도시에 자리 잡은 다양한 동네 이야기는 잠시 시간을 거슬러 올라가 1960년대와 1970년대의 맨해튼을 상상해 본 것이다.

맨해튼 또한 콜라주 도시다. 동질의 인공적 격자 위에 이질적인 것이 적층된 도시다. 바둑판 같은 격자 위 곳곳에 독특한 개성이 꽃을 피웠다. 두 가지 원리가 공존한다. 하나는 균질, 균형, 평등, 열림이다. 또 다른 하나는 민족, 산업, 역사, 문화에 따라 톡톡 튀는 개성을 지닌 고유성이다. 언어, 관습, 먹거리, 의상, 볼거리가 밀집된 강력한 영역을 형성하였다. 이 둘은 서로 긴장 관계에 놓여 있다. 자유로운 이동과 강력한 영역성 사이의 긴장 관계다. 공동체

† 소호의 전형적인 음반 가게

의 폐쇄성을 깨고 서로 경쟁하고 교류하도록 물꼬를 튼다. 반대로 모든 것이 균질한 막막한 좌표체계 위에 질적 차이를 이식하는 영역이 둥지를 튼다. 두 개의 원리가 공존하며 서로 부족한 부분을 메우는 콜라주의 도시다.

상황은 다르지만, 로마와 맨해튼에서 서울이 걸어갈 미래의 단초를 본다. 도시는 하나의 일방적 시스템이 각인된 결과물이 아니다. 동질의 한 논리가 지배하는 순수 결정이 아니라, 서로 다른 이질적인 시스템들이 경쟁하듯 포개어진다. 처음에는 혼란스러운 것 같지만, 다른 체계의 편린들이 만나 적층을 이루고 서로를 지탱하는 콜라주의 장이 열린다. 상전벽해의 변화를 거듭해 온 서울에도 여전히 조선의 도시 조직이 남아 있고, 여기에 일제강점기와 개발시대의 도시 조직이 겹쳐 있다. 때로는 정글처럼 얽혀 있지만, 이 혼돈 속에 아무도 예측하지 못한 새로운 접목과 상생의 이야기가 숨어 있는지도 모른다. 겹겹이 쌓인 층위를 만들어낸 질곡의 역사가 아픔을 딛고 반전을 일으켜 포용력, 생명력, 역동성을 지닌 세상에서 유일무이한 서울을 만들어낼 밑천이 아닐까? 한자리에 서서 모든 것을 일순에 파악하는 지루한 투명성 대신 이면에 다른 무언가를 살며시 숨긴 깊이감이 내재한 토포그라피(Topography)의 도시, 그런 서울이 탄생할 수 있지 않을까?

서울은 이질적인 도시 구조가 적층된 콜라주다. 'T'자형, 방사형, '井'자형이 서로 조우한다. 'T'자형은 조선시대에 등장한 구조다. 먼저 동서로 가로지르며 흥인지문과 돈의문을 잇는 종로가 있다. 이 종로와 육조거리가 직각으로 만난다. 창덕궁과 종로를 잇는 돈화문로, 창경궁과 종로를 잇는 창경궁로도 종로와 거의 직각으로 만난다. 남쪽으로는 숭례문과 종로를 잇는 남대문로가 있다. 육조거리, 돈화문로, 창경궁로, 남대문로 모두 종로를 쓱 지나치고 건너편으로 돌파해 나아가는 십자형 교차로를 이루기보다 종로 자체에 접속되는 것이 목표인 'T'자형 교차로를 만든다. 모든 물길이 청계천으로 흐르듯, 모든 길은 종로로 모이는 것이다. 'T'자라고 하여 꼭 반듯한 직선이 종로와 접속되는 것은 아니다. 남대문로는 목멱산의 능선이 끝나는 낮은 곳에 들어서다 보니 기점은 서측으로 치우쳐 있고 궤적은 곡선이다. 인왕산, 백악산, 목멱산에서 발원한 물길

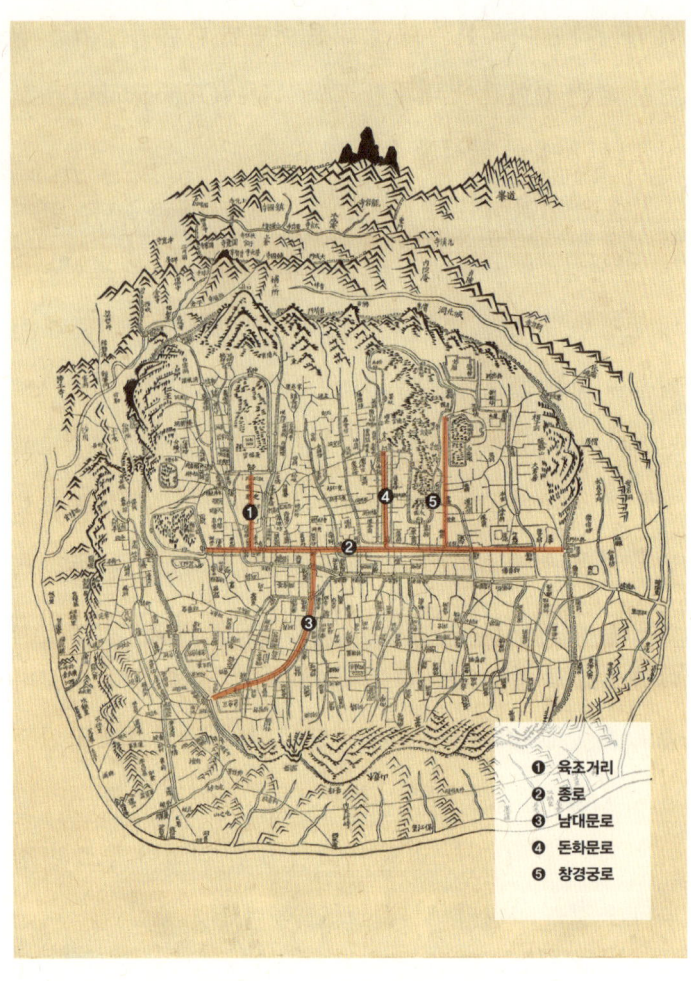

† 한양의 도시 조직을 보여주는 19세기에 제작된 『수선전도』

을 따라 사선 방향으로 실핏줄 같은 샛길이 수도 없이 생긴다. 남대문로를 중심으로 동쪽의 광희문, 그리고 서쪽의 소의문과 돈의문 쪽으로 달리는 동서 방향의 샛길도 더하여진다.

대한제국 시절은 근대 도시로 변모하기 위한 도로 정비가 이루어진 시기였다. 워싱턴, 런던, 파리가 직간접적인 모델이었다. 자로 그은 듯 반듯하고 공중변소와 하수 처리 체계를 갖추고 가로등, 가로수, 보도, 벤치가 설치되고 좌우로 기품 있는 건물이 들어선 서양의 근대식 도로를 흠모하여 벌인 일이다. 종로와 남대문로의 불법 건축물을 철거하여 대로의 원폭을 확보한다. 새로운 도로망 계획도 도입한다. 정궁이 된 경운궁을 중심으로 방사형 도시 조직을 구상한다. 경복궁에서 바라다보이는 안대 역할을 한 황토현이라는 나지막한 언덕 사이로 '황토현 신작로'로 불리는 길을 냈다. 숭례문, 소의문, 환구단으로 가는 길 – 현 소공로 – 도 반듯하게 정비하거나 신설한다. 구리개길 – 현 을지로 – 도 이곳으로 접속되니 경운궁을 중심으로 얼추 방사형 도로체계가 만들어지게 된다.

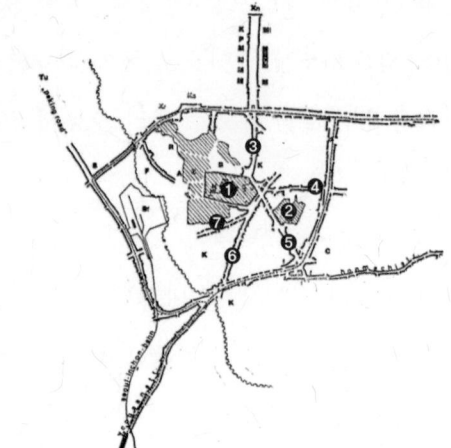

❶ 경운궁
❷ 환구단
❸ 황토현 신작로(태평로 1가)
❹ 구리개길(을지로)
❺ 소공로
❻ 무교로(태평로 2가)
❼ 서소문내(서소문로)

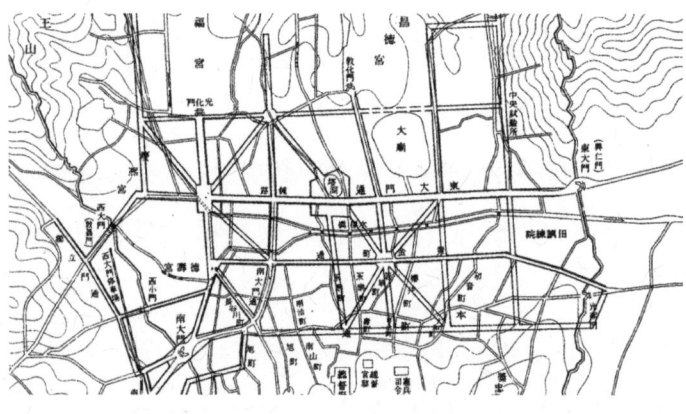

---

† **대한제국기 한성부 도시 개조사업**

태평로 2가에 해당하는 도로는 남대문에서 청계천의 모전교로 이어지는 무교로의 일부였을 것
으로 추정되나 정확한 명칭을 확인하기는 어렵다.

† **일제강점기 가로정비계획(1912)**

'井'자형 격자 구조의 기본 틀이 완성된 것을 볼 수 있다. 제6호선(율곡로), 종로, 황금정통(을지
로), 본정통(충무로)은 동서 방향으로 난 가로들이다. 태평통(태평로), 남대문통(남대문로), 돈
화문통(돈화문로), 의원통(창경궁로), 혜화문통(대학로와 훈련원로)은 남북 방향으로 난 가로
들이다. 지금의 을지로 3가를 중심으로 한 대각선 방향 도로들은 실현되지 않았다.

하지만 'T'자형 도시 구조에 급격한 변형이 나타난 때는 일제강점기다. 'T'자형이 '+'형으로, 더 나아가 '#'자형으로 변신한다. 황토현을 흔적도 없이 밀어버리고 경운궁의 동쪽 궐내각사의 절반을 훼철하여 태평로를 낸다. 경운궁을 중심으로 한 대한제국의 방사형 도로망은 조선총독부 청사, 경성부청, 경성역, 용산으로 이어지는 일방향 직진형 혈맥의 등장으로 훼손되고 만다. 돈화문로와 창경궁로는 종로를 지나 남쪽으로 확장되어 남산에 - 1926년 경복궁 근정전 앞에 지어진 신청사로 이전하기 전까지 조선총독부가 자리잡고 있던 곳이다 - 다다른다. 성균관과 혜화동에서 청계천으로 흐르던 천을 정비하고 구불구불하던 골목길 수준의 길도 펴서 종로에 이르는 남북 방향의 반듯한 도로를 개설하는데 이 길이 현재의 대학로다. 동서 방향으로도 도로가 확충된다. 일본인이 많이 모여 살던 구리개에서 광희문 방향으로 난 길을 확폭하고 반듯하게 펴서 '황금정통'이라고 부르는데, 이 길이 현재의 을지로다. 을지로와 남대문로의 교통체증을 해소하기 위해 남부간선도로 개념으로 골목길 수준의 길을 정비하고 '쇼와도리(昭

和通)'라고 이름 붙인 곳이 지금의 퇴계로다. 종묘와 창경
궁 사이로도 도로가 개설되는데 이 길이 현재의 율곡로다.
경복궁에 위치한 조선총독부 청사에서 출발해 혜화동의
총독부 의원과 동대문까지 잇는 동서축 도로망 구축이 명
분이었다. 창덕궁, 창경궁, 종묘가 잇닿은 조선 왕조의 성
역을 둘로 절단해 낸 폭력적 토목 사업이었다.

　질곡의 세월을 거치는 동안 도시에는 이질적인 조직들
이 포개어졌다. 조선시대의 'T'자형 도로망은 일제강점기
에 격자형 구조로 변형된다. 'T'자는 격자형 구조로 편입
되었지만. 여전히 격자 안에는 조선 시대의 길들이 남아
있다. 인왕산, 백악산, 남산에서 청계천과 종로로 향하는
실핏줄 같은 수많은 길이 격자형 광로로 둘러싸인 블록 안
에 자리 잡고 있다. 중세의 가로망을 근대의 격자형 광로
가 에워싸는 특이한 변종이다. 이를 어떻게 받아들여야 할
까? 평등과 차이를 동시에 묶어 낸 맨해튼이라고 보기도
애매하다. 균일하게 잘라 낸 격자 구조에 민족, 산업, 예술
의 앙클레이브가 둥지를 튼 것도 아니다. 로마처럼 이질적
인 정치체제가 만나 충돌, 박해, 핍박의 시절을 보낸 후 극

적으로 타협한 결과물도 아니다. 파리와도 다르다. 근대의 대로와 중세의 길이 만나는 코너마다 프렌치 카페와 같은 메트로폴리스의 신종 시설이 번성하였다. 하지만 일제가 놓은 광로와 조선시대의 사선형 가로가 만나는 코너에 시민을 위한 근대 시설이 탄생한 것은 없다. 근대의 격자형 광로를 걷다가 블록 안쪽으로 들어가면 사선 방향의 소로들이 등장하는 서울의 공간 구성을 어떻게 해석해야 할까? 조선시대와 일제강점기의 강요된 만남이라고 읽어 내야 할까? 식민 지배자에 의해 도려진, 그리고 그 안에 갇힌 한성 원가로의 모습 속에서 어떤 반전의 이야기를 만들어 낼 수 있을까?

허무맹랑하게 들리겠지만 상상의 나래를 펼쳐본다. 차량을 고속으로 돌리는 근대의 광로와 이면의 가로를 유유자적 나다니는 고요한 보행의 천국 - 이런 조합은 가능할까? 고층 업무 및 상업용 건물이 도열한 대로변과 자글자글한 소상업, 업무, 주거 공간이 어우러진 이면의 포근한 삶의 터전 - 이런 상상도 가능할까? 대로변에는 고층 건물을 놓고, 이면에는 소상업, 업무, 주거 공간을 놓되 중앙에는 블록의 모든 시민이 모여 놀 수 있는 반듯한 규모의 공원을 하나씩 도입하는 것은 어떨까? 빛이 풍성하게 떨어지는 지하 경사로로 광로가 끊어 놓은 사선형 가로를 이어 주어 보행으로 블록과 블록을 넘나드는 여행을 떠나도록 하는 것은 어떨까? 대로와 이면의 사선 방향 가로가 만나 예각으로 잘린 코너에는 용광로 같은 프렌치 카페의 한국형 버전이 탄생할 수 있을까? 또 다른 상상도 가능하다. 근대의 광로와 이면의 조선시대 골목에서 마르디 그라와 연등제를 혼합한 축제를 열어보면 어떨까? 광로에는 화려한 플루트와 함께 브라스 밴드의 신나는 재즈와 드럼의 리듬이 울려 퍼지고, 무용수들은 스팽글이 반짝이는 의상을 입고 열정적으로 춤을 춘다. 골목길에는 집집이 장대를 세우고, 깃발을 매달고, 거북등, 잉어등, 종등, 용등을 단 뒤, 북, 장구, 꽹과리로 풍악을 울려 보는 것은 어떨까? 광로와 골목길의 접점에서 퍼레이드와 연등 행렬이 합류한다. 브라스 밴드, 장구, 북, 꽹과리의 합주 속에서 무용수들이 손을 맞잡고 루이 암스트롱의 노래 '성인들이 행진할 때 (When the saints go marching in)'에 맞춰 춤을 춘다. 축제의

피날레는 아마도 모두가 목이 터져라 부르는 합창과 불꽃놀이가 적절할 것이다. 질곡의 역사가 만들어낸 강요된 집합체에 가까운 광로와 골목길의 만남이 누구도 예기치 못한 반전을 일구어낸다. 맨해튼, 로마, 파리도 아닌 서울만의 콜라주가 탄생한다.

현대 서울에도 콜라주의 순간이 곳곳에서 발견된다. '아파트 공화국'을 빼곡히 수놓은 주인공인 거대 아파트 단지도 콜라주의 탄생에 기여하곤 한다. 담장 안에 모든 것을 갖춘 자족적 섬을 만들기보다 오히려 단지 바깥의 영역과 끈끈한 결속을 이루는 경우도 많다. '석촌호수로'의 좌우로 펼쳐지는 풍경이 좋은 예다. 석촌호수로는 잠실의 대

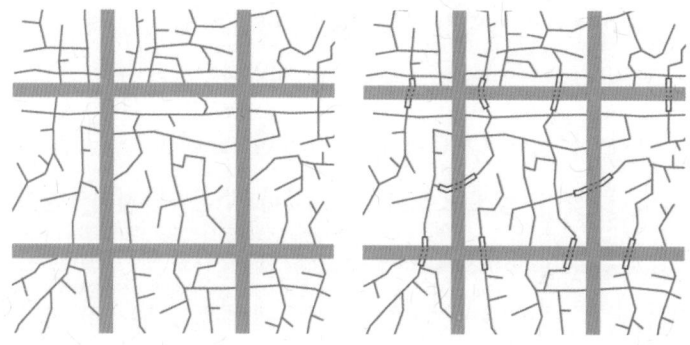

† **격자형 대로와 실핏줄 같은 중세의 길**
  실핏줄 같은 중세의 길을 따라 근대의 블록을 넘나든다.

단지인 트리지움과 레이크팰리스 그리고 석촌호수 공원 남쪽에 자리 잡은 길이다. 잠실의 주가로인 올림픽로에 연결되는 샛길 중 하나지만 분위기가 전혀 다르다. 올림픽로는 잠실 종합 주경기장을 기점으로 올림픽공원 초입에 자리한 '세계평화의 문'까지 쭉 내달리는 10차선의 폭을 가진 기념비적인 광로다. 외국인들에게 웅장한 인상을 남기려고 애쓴 흔적이 역력하다. 식수를 한 도로 중앙 분리대에는 역도, 펜싱, 레슬링 등 올림픽 종목을 상징하는 우람한 조각상들도 자리하고 있다. 반면에 석촌호수로는 느낌이 다르다. 6차선이라 10차선 광로와 달리 차량이 질주하지 않고 서행한다. 폭이 상대적으로 좁아서인지 건너다니기에도 수월하다. 또 송파강과 - 1970년대 매립되어 사라지고 없다 - 탄천의 물길을 따라 우아하게 굽어 있다.

석촌호수로 남측에는 5층짜리 잠실주공 2단지와 4단지 입주가 시작된 1970년대 말에 지어진 2층에서 4층 정도의 상가건물이 지금도 곳곳에 남아 있다. 주공 2단지와 4단지의 재건축이 완료된 2008년쯤, 이 낡은 건물에 들어선 가게들에 다시 활황기가 찾아온다. '새마을 전통시장'이라

이름 붙은 재래시장도 덩달아 활기를 띤다. 1976년에 지어진 건물은 연식이 이미 반세기 가까이 되지만 생생하게 살아 있다. 1층에는 안경원, 식당, 카페, 반찬 가게가, 2층이나 3층에는 의원, 학원, 사무실이, 그리고 지하층에는 목욕탕, 스튜디오, 마트가 둥지를 텄다. 단지에서 걸어 나와 반찬을 사고 안경을 맞추고 이발하고 친구를 만나러 도로를 수도 없이 건너다닌다. 석촌호수로의 남쪽은 1970년대 잠실을 개발할 당시 단독주택지였다가 1990년대 이후 다가구와 다세대 주택으로 변신한 곳이다. 이곳에 둥지를 튼 젊은 커플들도 모두 석촌호수로로 걸어 나와 일상에 필요한 잡다한 것들을 해결한다.

석촌호수로에 서서 보면 양편의 풍경은 지극히 이질적이다. 광활한 대지를 잠식하고 들어선 고층 아파트 단지와 자글자글한 대지에 자리 잡은 올망졸망한 상가 건물군의 조합이 부자연스러워 보이는 것은 당연하다. 하지만 길 하나를 사이에 두고 서로 의지하며 일상을 만들어 가는 동네 분위기가 물씬 배어난다. 40여 년간 이 자리를 지켰다는 안경원 주인의 표정에서 동네 사람들의 신뢰를 저버리지 않고 영업해 왔다는 자부심이 느껴진다. 과일 욕심이 많아 참외 한 팩, 체리 한 팩, 블루베리 두 팩을 집어 들자 살구 네댓 개를 덤으로 담아 주는 과일 가게 주인의 손길에서 뜨내기를 대상으로 한 일회성 거래가 아니라 오래도록 볼 지인을 상대로 한 거래를 하고 있음이 느껴진다. 신형 거대 아파트 단지가 잠식한 것 같은 잠실에서도 석촌호수로를 따라 걷다 보면 이곳은 여전히 계층, 직업, 세대, 주거지는 달라도 서로 끈끈히 의지하며 살아가는 동네라는 생각이 든다. 석촌호수로는 서로 다른 것을 이어주는 생생한 접착제이자 용광로다.

도시에는 무미건조한 동질의 것이 끝없이 그리고 광활하게 펼쳐지는 우울한 곳도 많다. 반대로 잡동사니를 정신없이 헤집은 것처럼 정신착란증을 일으킬 정도로 혼잡스러운 곳도 많다. 하지만 이질적인 것이 서로 끈끈하게 결합한 매력적인 구석을 발견할 때 신기하다. 석촌호수로의 생기 넘치는 풍경은 아파트 공화국에서 피어난 한국만의 콜라주다. 서른다섯 개 동의 고층 박스가 모인 레이크팰리스와 트리지움이 시간의 때가 잔뜩 묻은 저층 상가들과 길

하나를 사이에 두고 대치하고 있다. 피카소가 아프리카의 뿔과 유럽의 신문지 조각을 이어 만든 이질적인 콜라주와 유사한 것 아닌가? 하나의 일방적 체제가 빈틈없이 지배하는 순수 결정이 아니라, 이질적인 것들이 맞붙고 끈끈하게 결속한다. 이럴 때 오히려 생기가 넘쳐흐르고 생명력이 살아난다. 공생의 결합이 발생한다.

피카소의 예술세계를 다시 생각해 본다. 콜라주는 완결

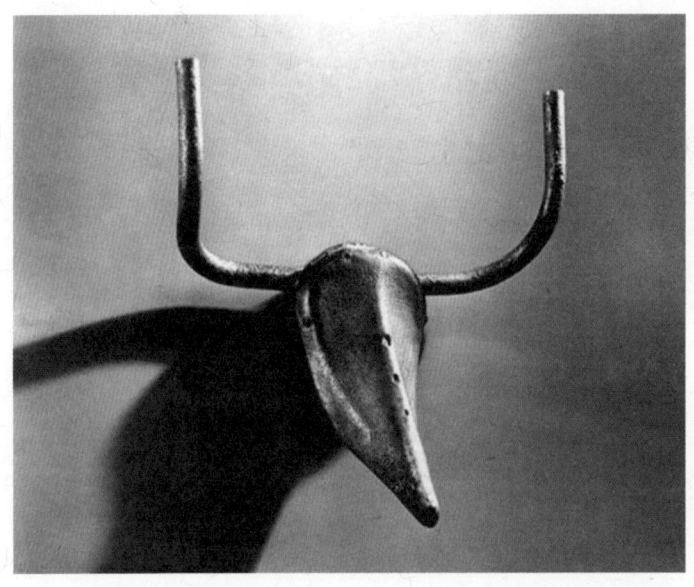

† 파블로 피카소, 〈황소 머리〉(1942)

된 유토피아와 다르다. 영원히 고정된 결정판이 아니다. 오히려 자유롭다. 유토피아의 속박에서 해방되어 다른 것과 대면할 열린 자세를 취하고 있다. 이상적인 목적을 향해 직선으로 전진해 나아간다는 진화론의 시간에서도 자유롭다. 콜라주의 세계에서는 먼저 온 것이 나중에 온 것을 대체한다거나 절대적으로 우위에 있지 않다. 도시도 마찬가지다. 21세기 IT 강국에서 온 한국인이 13세기에 조성된 시에나의 광장에 가서 감동을 받는다면 잘못된 것인가? 강남에 반듯한 가로와 블록이 도입되고 나니 강북의 골목길이 새삼스레 재조명되고 방문객이 모여들기 시작한 것은 또 무엇을 의미하는가? 대로를 뚫어 중세 도시를 혁신하고자 했지만, 대로와 중세 가로가 덧이어진 곳에서 생각지도 못한 코너가 탄생하였고, 그 코너에 프렌치 카페가 꽃을 피웠다. 대로가 골목길을 대체한 것도, 그 반대도 아니다. 예상치 못한 둘 사이의 만남은 시민들의 새로운 사랑방을 탄생시켰다. 새것과 옛것은 우열의 문제가 아니다. 서로 다르기에 오히려 하나로 끈끈하게 묶인다.

기술이 대체의 역사라면 도시는 축적의 역사다. 기술이

직선의 시간이라면 도시의 시간은 꼬여 있다. 기술은 승자가 독식하는 세계라면 도시는 승패를 가르기가 모호한 곳이다. 하나의 단일한 체제가 독식하거나 지배하는 도시는 사실 위험하다. 다른 가치에 대한 증오를 넘어 용서, 화해, 포용 그리고 해학이라는 역사적 타협을 이루는 것이 콜라주 도시의 정치학이다. 오르한 파묵이 자신을 키운 도시 이스탄불을 사랑했던 이유는 완벽하고, 깔끔하고, 세련되고, 말끔하고, 승자를 기념하는 양양한 건축물로 가득 차 있어서가 아니라, 불완전하고 곳곳에 흠이 보이고 무엇보다도 아픔이 배어 있기 때문이었다. 파묵의 - 누구나 갖고 있다 - 자신의 삶에 대한 부끄러움, 흠, 아픔은 바로 이스탄불이라는 도시의 비애와 반향을 불러일으키고, 이 반향 속에서 동반자를 만난 것 같은 위로를 받고 새로운 생명의 힘을 얻었다. 이런 이야기는 유토피아에서는 지극히 허망한 독백일 뿐이다. 유토피아는 지워 버리고 망각하고 자리 바꾸는 일을 쉼 없이 벌인다. 콜라주는 다르다. 지워 버리는 폭력을 행사하는 대신 '덧 이음'이라는 포용의 길을 간다. 순수를 더럽히는 불순의 덧칠이 아니라 획일성을 보완하는 것이다. 콜라주는 가치 포용의 도시를 지향한다.

  이을 수 없는 것을 잇는 것! 지적인 조합이나 미적인 유희가 아니라, 도시공간이 만나지 못하도록 차단하는 것들 사이에 새로운 가교를 만들고 미답의 삶의 시나리오를 만들어내는 것이 콜라주 도시다. 콜라주를 통해 도시는 아이가 자라듯 성장하고 성숙해진다. 미워하고 배척하고 탄압하는 아집에 사로잡혔던 자아가 대화하고 타협하고 포용하고 해학으로 풀어내는 성숙한 자아로 거듭난다. 도시도 마찬가지다. 아집, 배척, 배타에 짓눌려 차별과 단절을 강요하던 도시가 콜라주를 통해 막혔던 흐름을 터주고 만나지 못했던 사람들이 조우하는 성숙한 도시로 자라난다. 다양한 가치와 공간 구조가 덧 이어지면 생각지 못했던 일들이 벌어질 것이다. 시야가 넓어지고, 동반자를 발견하고, 아픔을 위로받고, 생각지 못한 경제적 기회까지 엿볼 수 있는 순간들이 펼쳐진다. 콜라주 도시가 품은 삶의 가능성이다.

열아홉 .

효율성의 비효율성

『효율성의 패러독스(The Efficiency Paradox)』를 집필한 에드워드 테너는 극단의 효율성을 추구한 결과가 가져오는 파국의 예로 아일랜드의 감자 파동을 든다. 감자의 잎과 줄기, 심지어 뿌리까지 공격하는 균 때문에 벌어진 일이었다. '감자 마름병'이 발생한 첫해인 1845년에는 생산량이 30퍼센트 감소하였다. 다음 해에는 75퍼센트 이상 줄었고, '블랙 47(Black 47)'로 불리는 1847년에는 감자 재배 자체가 거의 불가능해지고 만다. 이처럼 감자가 전멸한 이유는 '럼퍼(Lumper)'라는 단일 품종 재배에만 의존하다가 벌어진 일이었다. 다른 품종에 비해 생산성이 높고, 영양가도 풍부하며, 경작이 용이했기 때문에 선호되었다. 문제는 이 품종이 감자 마름병을 유발하는 균에 극도로 취약하다는 것이었다. 주야장천 요리해 먹던 주식인 감자 생산량이 곤두박질치면서 대재앙이 닥친다. 백만 명이 아사하고, 150만에서 2백만 명이 고향을 떠나 미국, 캐나다, 오스트레일리아로 살길을 찾아 떠난다. 효율성의 배반이다. 사태의 심각성을 간과한 영국인 지주들은 기근 상황에서도 토지 임대료를 징수하였고, 영국 정부는 자유무역 원칙을 고수한다며 곡물 가격 상승을 방치하였다. 두 나라 사이에 역사적 앙금의 원인이자 아일랜드 독립운동의 중요한 배경이 된 사건이다. 신대륙으로 이주해 간 이들에게서 존 에프 케네디, 지미 카터, 로널드 레이건, 빌 클린턴 같은 아일랜드계 대통령이 탄생한 것은 역사의 아이러니다. 효율성의 파국이 유랑을 낳고, 유랑은 신대륙에 정착한 억척스럽게 끈질긴 인간의 생명력을 증명해 주고 있다.

효율성의 비효율성을 떠올리게 하는 또 다른 예가 있다. 미국에서 벌어진 일이다. 1980년 레이건은 대통령으로 취임하자마자 범죄와의 전쟁을 선포한다. 마약사범을 엄단하고자 '마약 남용 방지법'이라는 법령을 만들어 형사정책을 강화하였다. 이 법령은 마약 범죄에 대한 '의무적 최소 형량'을 도입하고, 가석방 조건을 강화하여 형기의 최소

85퍼센트를 복역한 범죄자만 심사 대상이 되는 것을 골자로 한다. 결과적으로 수용자는 교도소에 더 오래 머무르게 된다. 소량의 마약 소지나 판매로 인해 체포된 이들도 장기 수감 대상이 되었다. 레이건 대통령 집권 시절 강화된 형사정책은 1990년대에 이르면 중범죄나 폭력 범죄로 세 번째 유죄 판결을 받는 사람에게는 종신형을 의무적으로 부과하는 '삼진아웃법' 제정으로 이어지게 된다.

자연스럽게 수감 인원이 늘어난다. 레이건이 대통령으로 취임하던 1980년에는 약 32만 9천 명이 수용되어 있었다. 8년 뒤 레이건이 퇴임할 때 전체 수용자는 약 두 배에 해당하는 62만 7천 명으로 증가했다. 문제는 수용시설의 용량이었다. 교정시설은 뚝딱 지어낼 수 있는 것이 아니다. 기획부터 부지선정, 설계, 시공까지 수 년이 걸린다. 10년을 훌쩍 넘기기도 한다. 교도소를 짓는다고 해도 늘어나는 수용자 수를 감당하기에는 역부족이다 보니 자연스럽게 과밀수용 문제에 직면하게 되었다. 수용률이 극에 달했던 때는 280퍼센트에 육박하였다고 한다. 한 명이 쓰는 방에 2.8명이 들어간 것이고, 백 명이 쓸 시설을 280명이 쓰는 꼴이다. 캘리포니아의 교도소에서는 체육관, 공유 거실, 복도 등을 개조하여 임시 수용소를 마련해야 할 정도로 상황이 나빠졌다. 바글바글한 시장보다도 더 혼잡한 난장판으로 바뀐 것이다.

과밀수용 문제가 심각해지자 교정시설 공급을 늘리는데에 힘을 쓴다. 시설이 늘어나면 당연히 과밀수용 문제는 해결되는 것이고 범죄자의 수는 줄고 안정화된 사회에 진입하리라 기대하였다. 그런데 벌어진 일은 기이하였다. 교도소 수가 늘어나는데도 과밀수용 문제는 해결되지 않는다. 오히려 수용자의 숫자가 감당할 수 없을 정도로 늘어만 간다. 1999년에는 자그마치 125만 4천 명에 이를 정도로 사태는 심각해져만 갔다. 1980년과 비교하면 20년 사이에 개선되기는커녕 380퍼센트 악화한 것이다. 인구증가가 원인이 아니다. 1980년 2억 2,065만이었던 인구는 1999년 2억 7,090만으로 약 23퍼센트 증가했을 뿐이다. 23퍼센트와 380퍼센트의 엄청난 간극을 과연 무엇으로 설명할 수 있을까?

보통 양적으로 부족하면 빨리 지어서 숫자를 늘리는 것

이 효율적인 길이라고 생각한다. 문제는 양적 확장에 치중하니 시설의 질적 수준에는 신경을 쓸 여유가 없다는 것이다. 단위 면적당 수용인원을 늘리고자 중범죄자가 머무르는 곳임에도 불구하고 넓은 홀에 2층 침대를 줄지어 배치한 기숙사형 수용동을 만든다. 개인 공간은 꿈도 꿀 수 없다. 좁디좁은 공유 거실은 수용자들로 빼곡히 차 앉을 자리도 찾기 어렵다. 샤워실과 화장실 줄이 길어지고 위생상태도 엉망이다. 때로는 성범죄마저 발생하기도 한다. 상담 공간의 결여, 교육 프로그램의 부재, 감시와 관리에 집중된 인력 구조, 시설의 급속한 노후화, 직원들의 스트레스 가중 등 운영상 문제도 쌓여만 간다. 교도소는 사회 복귀를 위한 준비 공간이 아니라 가두고 감시하기 위한 인간 창고로 기능할 뿐이었다. 출소 후 재범률이 증가하는 것은 당연한 결과다. 시설을 더 지어도 수용자 숫자가 늘어나기만 하는 악순환에 빠져든 것이다.

악순환에 일조한 것이 또 있다. 민간 교도소 운영 회사들의 이윤 창출을 위한 전략이다. 커렉션스 코퍼레이션 오브 아메리카, 왁큰허트 코퍼레이션, 매니지먼트 앤드 트레이닝 코퍼레이션과 같은 교도소를 운영하는 민간 회사들이 미국 역사에 등장한 때가 바로 1980년대다. 이 회사들은 수용자 숫자가 많아야 이득을 낸다. 수용자 수가 수입에 직결되기 때문이다. 더 많은 수용자가 양산되도록, 그리고 입소하면 더 오랜 기간 머무르도록 형사정책 강화를 위해 끊임없이 로비한다. 반면에 비용은 절감하는 쪽을 택한다. 직원 수, 교육 프로그램의 수를 줄이고 시설 투자를 게을리한다. 정부의 재정 부담은 기하급수적으로 가중되나 수감 인원은 늘어만 가고 사회 안정은 요원하다. 민간 기업의 이윤 추구와 갱생이 아닌 처벌과 감시 중심의 정책이 맞물려 낳은 비극이다.

효율성의 측정은 정밀하고 객관적이고 과학적인 것 같지만 사실은 고무줄이다. 어느 지표를 쓰느냐에 따라 결과가 요동친다. 이것이 저것보다 효율적이라고 단언할 수 있는 이유는 단지 근시안적인 확신에 차 있기 때문이다. 예를 하나 들어 보자. 역시 교도소 이야기다. 영국의 교도소는 2021~2022년 기준으로 수용자 한 사람을 보살피는 데에 약 4만 7천 파운드를 쓴다. 이들이 쓰는 주거, 음식, 의

정의와 도시 (하)

복, 의료, 교육, 갱생 프로그램 운영비 등을 모두 합한 후 수용자 수로 나눈 값이다. 반면에 노르웨이는 한 해에 7만 1천 파운드를 쓴다. 기본적으로 독방에서 생활하도록 하며, 공유하는 거실을 만들고, 요리해 먹을 수도 있고, 정신 건강 및 직업교육에 투자하다 보니 비용이 많이 든다. 고위험군 수감자용 시설인 〈할덴(Halden)교도소〉나 저위험 수감자를 대상으로 한 개방형 시설인 〈바스토이(Bastoy) 교도소〉 모두 이동의 자유를 박탈할 뿐 밖에서 일상생활을 영위하는 것과 크게 다를 바 없는 환경을 제공하는 곳으로 유명하다.

일 년 단위로 수용자 한 사람에게 쓰는 비용만을 놓고 영국과 노르웨이를 비교한다면 효율성이 높은 쪽은 당연히 전자라고 답할 것이다. 하지만 단일 지표만으로 효율성을 측정하는 것은 오류에 빠질 수 있다. 재범률 때문이다. 영국은 일 년 내 다시 범죄를 저지르고 재수감될 확률이 25.8퍼센트에 이른다. 3년 내 범죄를 저지르고 돌아올 확률은 45퍼센트다. 5년 내 범죄를 저지르고 돌아올 확률은 55퍼센트에 이른다. 노르웨이는 2년 내 범죄를 저지르고 교도소로 돌아오는 비율이 20퍼센트다. 5년 내 다시 돌아오는 비율은 25퍼센트다. 만 명의 수용자가 형기를 마치고 사회로 돌아왔다고 가정해 보자. 영국은 5,500여 명이 다시 범죄를 저지르고 5년 내 재수감되지만, 노르웨이는 같은 기간에 2,500여 명이 범죄를 저지르고 재수용된다. 발생하는 범죄 건수의 차이가 무려 3천 건이다. 3천 명을 재수용하기 위한 비용을 아낄 수 있다. 수용 정원이 250명 정도인 교도소 열두 개를 짓지 않아도 된다. 경찰력과 행정력을 낭비하지 않고 아낀 비용을 다른 곳에 쓸 수 있다. 3천 건의 형사재판이 덜 발생하기에 그만큼의 비용도 추가로 절감된다. 수천 건의 범죄에 참여하거나 말려들지도 모를 젊은이들을 보호할 수 있다. 재범률이 줄어드는 만큼 희생자가 줄고 길거리가 안전해지며 공동체 생활에 활기가 돈다. 창의적이고 생산적인 일에 집중할 수 있게 된다. 이런 것을 다 합하여 낮은 재범률의 사회적, 경제적 효과를 환산한다면 과연 얼마나 될까? 영국은 감시에 더 초점을 맞추고 계산기를 두드려 비용을 감축하면 효율적이라고 생각한다. 반면에 노르웨이는 감시나 처벌보다는 갱생에 초점을 맞추고 초기 비용이 많이 들더라도 재범률이 낮고 사회 정착률이 높으면 효율적이라고 생각한다. 어느 쪽이 현명한 투자일까?

다이아몬드와 사암을 저울 위에 올려놓고 무게를 기준으로 어느 쪽에 돈을 투자하는 것이 더 효율적이냐고 묻는다면 어떻게 될까? 사암이 더 무거우니 다이아몬드보다 값진 것일까? 애초에 다이아몬드와 사암의 효용을 무게로 비교할 수 있을까? 인당 운영비로 교정시설의 효율성을 측정하는 것은 무게로 모든 광물의 가치를 측정하는 것과 진배없다. 운영비 이외의 가치는 외면하는 일이다. 종류가 다른 것들을 일면적인 저울로 측정하고, 효율적이라고 보이는 것에 매진하는 것은, 수십 아니 수백 년 뒤에 우리를 벼랑으로 내몬다. 18세기 후반 시작된 특정 품종에 대한 집중적 투자가 반세기 후 감자 파동을 낳고 백만 명이 아사하는 비극을 가져온 것처럼 말이다. 양적 보급에 중점을 둔 교정시설 확충과 운영비 절감이 수용률을 낮추기는커녕 재범률 증가라는 문제를 낳고 과밀 수용조차 해소하지 못하는 악순환에 도달한 것처럼 말이다.

근시안적 관점에서 측정한 효율성의 지표를 바탕으로 일을 벌이다가 수십 년 후 배반의 칼날을 맞닥뜨리는 풍경은 건축과 도시에서도 심심찮게 목격된다. 우선 효율성과 비효율성을 가늠하는 것 자체가 간단하지 않다. 복도와 방으로 구분된 집이 있다고 치자. 복도를 먼저 놓고 포도송이처럼 독방을 좌우로 배열한다. 방에서 나가면 항상 복도를 만나고 이 복도를 통해서 가고 싶은 곳으로 이동한다. 복도는 모든 이동을 한 곳으로 모으고 다시 각 방으로 배분한다.여기저기 헤집고 다니지 못하도록 움직임을 가지런하게 정리해 주는 것이다. 사실 두서너 사람이 오갈 만한 폭에 직선으로 쫙 뻗은 텅 빈 복도를 갖추지 않은 현대 건물을 상상하기는 어렵다. 불문율처럼 익숙해진 공간 구성 방식이다. 다른 집을 하나 상상해 보자. 이번에는 복도가 없는 집이다. 복도 없이 방과 방이 바로 맞닿은 공간 구조를 갖고 있다. 복도로 나가 걸은 뒤 다른 방 앞에 서서 노크하고 들어가는 방식이 아니라 가고 싶었던 방으로 바로 이동하는 것이다. 한 방에 또 다른 방이 바로 달라붙어 군집을 이루고 있다. 즉각적인 공간 이동이 가능하도록 벽마다 문이 마련되어 있다.

복도가 있고 방이 좌우로 늘어선 집과 복도 없이 방과 방이 바로 맞닿은 집, 어느 집이 더 효율적일까? 전자가 더 효율적이라고 단언하는 것은 편견이다. 후자도 효율적이다. 복도를 따라 괜히 먼 거리를 이동해서 원하는 방에 도달하는 대신 필요한 방으로 곧장 이동하니 시간 낭비를 줄일 수 있다. 사실 복도를 없애고 방과 방을 바로 연결하는 건축물도 세상에는 존재한다. 일본 전통 주택에서 이런 공간 구조를 찾아볼 수 있다. 서양의 중세나 르네상스 시대의 주택에도 이런 공간 구조가 쓰였다. 방에서 방으로 바로 이동할 수 있도록 모든 벽에 문을 내는 것이 효과적이라고 이야기한 사람도 있었다. 삼류 지식인이 잠시 정신을 잃고 허랑한 말을 내뱉은 것이 아니다. 알베르티라는 르네상스 시대의 천재 건축가이자 이론가가 한 말이다.

효율적인 것 같지만 비효율적이고 거꾸로 비효율적인 것 같지만 효율적인 것의 또 다른 예를 들어 보자. 제4차 산업혁명의 눈부신 성과에 힘입어, 교도소의 수용자를 새로운 방식으로 감시하고자 인공지능을 장착한 지능형 카메라를 개발한다는 이야기를 들은 적이 있다. 우리나라의 교정시설 수용동은 복도를 따라 포도송이처럼 수용거실이라고 불리는 방들이 쭉 배열된 구성이다. 교도관 사무실은 복도의 초입 부분에 삐죽 튀어나와 있다. 안타깝게도 이 사무실에서 볼 수 있는 것은 감시 대상인 수용거실이 아니다. 그저 텅 빈 복도가 눈에 들어올 뿐이다. 그래서 교도관은 주기적으로 복도를 오가며 수용거실 문에 달린 창을 통해 내부 상황을 파악해야 한다.

　교도관이 이렇게 복도를 오가며 감시하느라 쓰는 시간을 줄일 수는 없을까? 그래서 고민 끝에 나온 묘책이 인공지능을 장착한 카메라를 개발해 활용하는 것이다. 카메라가 복도 천장에 설치한 트랙을 따라 주기적으로 오가며 방 안을 들여다보도록 하는 것이다. 안면을 인식하고 숫자를 세고 자세에 따라 상황을 파악하는 능력을 갖춘 카메라는 무척 유익하다. 교도관이 복도를 일일이 돌아다니며 감시하지 않아도 신원과 인원수를 확인하고 싸움이 일어나는지 살피고 행여 누가 극단적 선택을 하는 것은 아닌지 자동으로 파악하여 빛의 속도로 보고할 것이다. 교도관은 사무실에 앉아 모니터만 바라보면 된다.

그럴싸하지만 안타깝게도 잘 작동하지 않는다. 트랙을 따라 주기적으로 카메라를 이동시켜야 하는데 하드웨어가 삐끗댄다. 이 문제는 기술적 결함이니 어떻게든 풀어나갈 수 있을지 모른다. 하지만 더 큰 문제가 있다. 수용거실의 문은 쪽창 하나가 달린 두꺼운 철문이다. 쪽창을 통해 안을 바라보지만, 철문 바로 뒤쪽의 공간은 눈에 들어오지 않는다. 쪽창이다 보니 창으로 바라볼 수 있는 부분도 한정되어 있다. 그렇다고 감옥인데 철문을 유리문으로 교체할 수는 없는 일이다.

교도관의 수용거실 감시 효율을 높이는 유일한 방법이 인공지능을 탑재한 카메라를 다는 것만은 아니다. 먼저 사무실에서 텅 빈 복도를 바라보도록 만든 공간 구성을 바꾸어 주면 된다. 교도관 사무실을 복도 한쪽 끝에 두면 수용거실이 눈에 들어올 수 없다. 교도관 사무실을 중간으로 옮기고 부채꼴 모양으로 수용거실을 배치하면 된다. 사무실에 앉아서 가만히 고개만 들고 있어도 모든 수용거실이 눈에 들어온다. 소란스러운 곳이 있으면 가까이 다가가 좀 더 세밀히 관찰하면 된다. 이런 공간 구조의 장점은 또 있다. 인공지능을 장착한 냉랭한 카메라의 시선은 일방적인 감시의 시선이다. 세상 누구도 나를 감시하는 카메라의 시선을 달가워하지 않는다. 상호 교감의 가능성이 완벽하게 제거된 누군가에게 일방적으로 노출되는 불평등한 시선이기 때문이다. 사람의 눈길은 다르다. 물론 경계심을 가득 머금은 교도관이 바라보는 감시의 시선이기는 하다. 하지만 사람과 사람의 시선이 교차하는 것은 감시만이 아니라 가끔 연민과 애정이 실린 시선이 교차할 여지도 있기 때문이다.

한 가지 예를 더 들어 보자. 혼자 사는 노인 문제와 관련된 예다. 제4차 산업혁명의 성과를 적용하면 큰 효과를 볼 수 있을 것 같다. 자연어 처리, 음성, 이미지, 표정, 자세 인

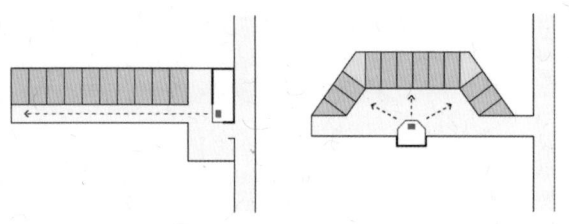

† **교도관 사무실과 수용거실의 배치**
　화살표는 교도관의 감시 방향을 의미하는데, 위치 조정을 통해 자연 감시를 적용할 수 있다.

지, 데이터 수집, 분류, 판독 능력을 갖춘 휴머노이드를 하나씩 붙이면 혼자 사는 노인의 삶이 바뀔 것이다. "심심하세요? 따님에게 전화를 걸어드릴까요?"라고 말동무를 해주고 "혈압약 드실 시간입니다."라고 알려주고, 낙상사고가 일어나면 상황을 재빨리 파악하고 의료기관에 연락해 응급차량을 호출하고 정형외과 전문의가 당직을 서는 응급실로 이송되도록 조치한다. 지자체가 휴머노이드를 구입해 노인들에게 하나씩 싼 가격에 대여하는 시스템이 곧 나올지도 모르겠다.

또 다른 접근법이 있다. 모여 사는 방식을 바꾸는 것이다. 〈셰어 가나자와〉는 일본 이시카와현 가나자와에 있는 공동체 마을이다. 비영리단체가 발달장애를 겪는 아이들을 위해 공동 주거 프로젝트를 진행하면서 시작되었다. 장애 청소년뿐만 아니라 노인 그리고 대학생이 함께 공동체를 만들어 도움을 주고받으며 살고 있다. 고령자 주택, 학생용 주택, 장애 아동 입소 시설을 갖추고 있다. 장애 아동을 지원하는 아동 발달 지원센터와 인근 초등학생들이 방과 후 공부도 하고 뛰놀 수 있는 주간 돌봄센터를 운영하

고 있다. 고령자를 위한 데이케어, 가정간호 서비스도 제
공한다. 천연온천, 레스토랑, 운동장, 세탁소, 카페, 바, 키
친 스튜디오, 바디 케어점, 지역농산물 판매장, 공예품 가
게도 운영하고 있다. 인근 주민과는 공생 관계를 형성한
다. 지역민들에게 온천을 무료로 개방한다. 목각 앞뒤에
주민들의 이름을 새겨 출입구에 달아 놓았다. 목욕하러 오
면 자기의 이름을 뒤집어 놓는다. 색깔이 다른 뒤집힌 면
을 보고 자연스럽게 누가 목욕을 하러 왔는지 얼마나 자주
오는지 확인할 수 있다. 오래도록 오지 않은 혼자 사는 노
인에게 무슨 일이 있는 건 아닌가 하고 전화도 한다. 열 명

† 일본 가나자와에 있는 〈셰어 가나자와〉 공동체 마을 풍경

의 외부 사업자를 선정하여 무료로 점포 및 사무실을 임대
해 주고 있기도 하다.

　가나자와 인근의 고마쓰시에는 노다마치라는 마을이
있다. 이곳에서도 모여 사는 방식의 혁신이 일어났다. 주
민들과 비영리재단이 힘을 모아 마을 입구에 선 버려진 절
을 〈사이엔지〉라는 생기 넘치는 주민센터로 변모시켰다.
불단에 불상은 사라지고 없다. 대신 이시카와현 지적장애
인협회 주최 소프트볼 대회의 우승 상장과 트로피가 자랑
스럽게 놓여 있다. 부처님을 모시던 본당은 온천장과 족욕
장의 로비, 개방형 매장, 식당의 바와 홀, 모임 장소, 아이

† 일본 고마쓰시에 있는 〈사이엔지〉 공동체 센터

들 공부방으로 변신하였다. 주민들은 집에서 씻지 않는다
고 한다. 무조건 〈사이엔지〉로 나와 공동 욕장에서 샤워하
고 온천에서 피로를 푸는 새로운 삶의 패턴을 만들어 냈다.
집에 가서 요리하기가 귀찮으면 식당에서 에다마메, 소바,
맥주로 단출하게 끼니를 때운다. 무엇보다 덕을 보는 이는
아이들 그리고 부모들이다. 아이들은 방과 후에도 갈 곳이
생겼다. 아무도 없는 적적한 집으로 돌아가 외로움에 젖지
않아도 된다. 책가방과 실내화 주머니를 바구니에 가지런
히 정돈하여 두고 다다미로 마감된 홀 곳곳을 맨발로 둥실
둥실 돌아다닌다. 푹신한 진홍빛 소파와 4인용 탁자 주변
으로 모여들어 한량처럼 시간을 보낸다. 장애가 있는 아이
와 청년과 고령자가 섞여 있다. 장애 유무와 세대 차이를
넘어 한 공간에서 어울린다. 널빤지 바닥에 방석을 깔고
길쭉한 테이블을 놓고 둘러앉아 담소를 나누며 책을 펴 놓
고 무언가에 골몰하는 풍경은 신비롭다. 같은 공간에 존재
하지 않을 사람들이 테이블 하나를 공유하며 상대방이 빤
히 들여다보이는 근거리에 모여 앉았기 때문이다. 〈사이
엔지〉는 차별 없이 함께 어울려 살아간다는 '고차마제(ご

ちゃ混ぜ)'를 실천하는 생생한 삶의 현장이다.

〈사이엔지〉에서 벌어진 일이다. 목이 15도밖에 돌아가지 않는 중증 심신장애 청년과 치매를 앓는 손 떨림이 심한 할머니 사이에 벌어진 일이다. 어느 날, 할머니가 달큼한 젤리를 수저로 떠서 청년에게 먹여 주었다. 식은 죽 먹기처럼 쉬워 보이지만 그렇지 않다. 할머니는 손이 떨리고 청년은 목이 돌아가 있다. 훅 다가서 벌어진 입안으로 수저를 밀어 넣어 주면 될 일인데 마음처럼 되지 않아 애가 바싹바싹 마른다. 떨리는 손으로 수저의 끝을 청년의 입에 맞추려고 여러 차례 반복하다가 드디어 젤리를 입에 넣어 줄 수 있었다. 달콤한 젤리 맛을 보고 행복해하는 청년의 모습을 보고 할머니는 오랜만에 삶의 희열을 느꼈다. 메마르고 쪼그라든 가뭄 날의 푸성귀처럼 죽을 날만 기다리던 할머니의 삶이 갑자기 생기를 되찾았다. 다음 날부터 할머니는 젤리를 사서 청년에게 먹이는 일을 반복한다. 수개월 후 기적 같은 일이 벌어진다. 청년의 꺾인 목이 정상 범위로 돌아온 것이다.

위리안치된 혼자 사는 노인으로 고립무원에서 살다가

하루가 다르도록 시들어가며 생을 마감하는 과정은 자연 사할 권리를 빼앗긴 현대인 대부분이 때가 되면 여지없이 겪을 일이다. 도무지 달갑지 않은 운명이다. 그러기에 〈사이엔지〉의 할머니와 청년이 만나 펼친 이야기는 드라마처럼 감동적이다. 과학과 의학이 해결하지 못하는 치유의 기적이 만날 수 없는 사람들이 모여 교감을 나누는 무대에서 일어났다. 장애 유무를 떠나 여러 세대가 의지하며 살아가는 공동체는 효율적이다. 삶의 안전이 보장되고, 경험의 공유 및 전수가 일어나며, 적정한 노동으로 활력을 유지하고 말년까지도 허무와 절망 대신 살아간다는 것의 의미를 충만히 느끼게 된다. 정부는 사회보장제도를 유지하는 데에 들어가는 막대한 비용을 줄일 수 있다. 아무리 계산기를 두들겨 보아도 이득인 것이 명확하다.

언제부터 어떻게 시작된 것일까? 도시의 공간 구조에는 '배타'와 '배척'이 각인되어 있다. 워낙 오랫동안 스멀스멀 벌어진 일이라 사람들은 원래부터 이런 모양으로 살아온 것이라고 착각할 정도다. 만나도 괜찮은 부류의 사람과 그렇지 않은 부류의 사람, 가야 할 곳과 말아야 할 곳, 들어가야 할 곳과 말아야 할 곳으로 도시에 금을 긋듯이 갈라놓 았다. 장애인은 장애인끼리, 고령자는 고령자끼리, 어린이 는 어린이끼리 몰아 놓은 곳에서 살아간다. 세대주가 65세 이상인 노인만 입주 자격을 주는 정책처럼, 고령화 사회에 대응하기 위해 고안된 선의의 정책이 그 경직성 때문에 세 대를 인위적으로 갈라놓는 역효과를 낳기도 한다. 같은 계 층, 성별, 세대, 가치관, 그리고 유사한 교육 및 경제적 배 경을 가진 사람들이 집단을 이루어 살아가는 도시는 다람 쥐가 쳇바퀴를 돌 듯 집단 내에서만 교류가 일어나기에 폐 쇄회로의 집합체와 다를 바 없다. 〈셰어 가나자와〉와 〈사 이엔지〉가 깬 것은 바로 이 폐쇄회로다. 만날 수 없는 사람 들이 만나는 도시공간 구조를 상상하는 데에 등불 같은 사 건이다. 홀로 사는 노인 문제를 다룰 때 휴머노이드 도입 만이 답이 아니다. 모여 사는 방식과 공간 구조를 바꾸면 된다. 갈라놓은 사람들을 다시 이어 주는 공간 혁신을 간 과해선 안 된다. 공간 구조의 혁신과 제4차 산업혁명 성과 를 결합하는 순간 궁극의 효율성에 도달할 수 있다.

거대도시에 집적하여 살고 있지만 '진정 우린 모여 살고 있는 걸까?'하는 의구심이 들 때가 있다. 각자의, 각 집단의 영역 확보에는 혈안이 되어 있지만 개인과 개인, 집단과 집단 사이의 공존, 공생, 공익에는 상대적으로 무관심하다. 계층, 세대, 분야, 지역으로 잘게 잘라 칸막이를 만들고 그 안에서 생산성을 높이는 정책을 난발하다가 수십 년의 시간이 흐른 후 효율성의 철퇴를 맞고 있다. 서두에 언급한 테너의 이야기처럼 효율성을 추구하다가 '의도치 않은 결과의 복수'에 직면한 상황 아닐까? 효율성의 비효율성을, 그리고 비효율성의 효율성을 인지할 때가 다가왔다. 비효율적이라고 생각했던 것들의 가치를 재발견할 시간이다. 그러고 보니 삶도 그러하다. 필요한 일을 한다고 생각하고 열심히 달렸지만, '헛일을 했구나' 하고 수년 뒤에 깨닫는 경우가 허다하다. 오히려 여유롭게 살며 일을 벌이지 않은 것만 못했다고 자책하는 때도 있다. 인생의 행로는 예측불허라 어쩔 수 없이 생겨나는 씁쓸한 깨달음일까? 인생을 제어할 수 없듯 도시에서 벌어질 일 또한 완벽하게 예측할 수 없다. 사람의 짧은 생애를 넘어 수백 년 아니 수천 년을 살아남는 것이 도시다. 어떤 잣대든 근시안

적인 것이 되고 만다. 1960년대부터 숨 가쁘게 앞만 보고
달려왔다. 공급, 자동화, 계량화, 지능화, 효율화를 앞세우
며 미래를 향해 끝 모르고 내달릴 것 같던 압축 성장의 드
라이브가 이제 동력을 잃은 것 같다. 우울해만 할 일이 아
니다. 궁극의 효율성을 향한 도정으로 진로를 바꿀 새로운
기회다.

스물 . ────────────────────────────────────

니체의 도시

'미상의 물체네', '자동차야', '아니야, 자전거인데'.

2018년 3월 18일 밤 9시 58분, 미국 애리조나주 템피시의 한적한 도로를 시속 69킬로미터로 달리던 우버 자율주행차가 115미터 전방에 나타난 행인을 치기 6초 전 인공지능의 머릿속을 오간 것들이다. 안타깝게도 어느 것도 정답이 아니었다. '헤드튜브와 탑튜브에 플라스틱 쇼핑백이 걸쳐진 자전거를 끌고 지나가는 보행자'가 답이었다. 더 안타까운 것은 인공지능이 – 현재의 성능과 비교하면 물론 유아 정도의 지능이긴 하다 – 멈추려는 생각을 1.3초 전에야 했다는 것이고, 컴퓨터로 제어되는 긴급 제동장치는 비활성화 상태였으며, 보조 운전자는 전방을 주시하는 대신 끊임없이 센터 콘솔에 놓인 휴대폰으로부터 흘러나오는 영상에 눈길을 주고 있었다는 사실이다. 보조 운전자가 당황하여 운전대에 급히 손을 올릴 때는 행인을 치기 직전이었고, 브레이크를 밟기 시작한 것은 이미 행인을 치고 난 후였다.

기이한 부분은 천금같이 소중한 4.7초 동안 인공지능은 자전거를 끌고 가는 행인을 미상의 물체, 자동차, 자전거로 끊임없이 바꾸어 인식했다는 사실이다. 처음부터 행인이라는 것을 인지하고 브레이크를 걸었다면 30미터 정도를 미끄러져 차량은 멈추었을 것이고 행인은 목숨을 건졌을 것이다. 레이더, 라이다, 카메라가 힘을 합해 무언가가 나타났음을 인지하고 분석을 실행하였으나 정확히 분류하지 못하는 일종의 혼돈 상태가 지속된 것이다. 횡단보도가 아닌 도로 한복판에 나타난 물체고, 먼발치에서 떨어지는 가로등 빛을 받아 번쩍이는 것을 보면 - 아마도 플라스틱 쇼핑백과 헤드튜브와 탑 튜브 마감 페인트재 때문일 것이다 - 자동차인 것 같다. 그런데 자동차라고 보기에는 속도가 너무 느리다. 경로도 차선을 따라 움직이는 것이 아니라 가로지르는 방향이다. 자동차가 아니구나 싶어 다시 생각해 보니 자전거인 것 같다. 그런데 그것마저도 학습한

내용과 영 맞아떨어지지 않는다. 자전거라면 당연히 누군가가 열심히 페달을 밟아 돌리고 있을 것이고 그렇다면 속도가 저렇게 느릴 수는 없는 것이다. 자전거가 도로 복판에 있을 이유도 없다. 확률적으로 가장 그럴싸한 것을 추적해 나가지만 갈피를 잡을 수 없다. 촌각을 다투는 급박한 상황에서도 어떻게 분류해야 할지 몰라 우물쭈물하는 사이에 타이밍을 놓쳐 행인을 치고 만다.

우버가 자율주행 시스템을 만들면서 당시 어떤 데이터로 어떻게 학습시켰는지는 공개되지 않았다. 그러기에 오리무중이다. 하지만 일종의 '에지 케이스(Edge Case)'가 발생한 것만은 분명하다. 달리고 있거나 멈추어 선 차량, 누군가가 열심히 페달을 밟아 달려가고 있는 자전거, 느릿느릿 길을 가로지르는 보행자. 자율주행 시스템은 이런 것들은 정확히 알아차리고 멈추어 서거나 우회한다. 하지만 '자전거를 끌고 도로 복판을 가로질러 걸어가는 사람'은 전혀 상상하지 못한 것이다. 기이한 경우다. 범주로 명확하게 정의할 수 없는 애매한 상황이다. 만약 보행자나 아니면 달려가는 자전거만 본 적이 있는 사람이 운전대를 잡고 있었다면 어떤 일이 벌어졌을까? 자전거를 끌고 지나가는 행인은 본 적이 없으니 상황 파악을 못 하고 그대로 쳤을까? 사람은 보행자를 알고 자전거를 알면, 자전거를 끌고 지나가는 보행자도 직관적으로 찰나에 알아차린다. 그러나 인공지능은 다르다. 보행자, 자전거, 그리고 자전거를 타지 않고 끌고 가는 보행자는 완전 별종이다. 각각 독립된 범주를 만들어 학습시켜야 인지한다. 이것이 인공지능이 세상을 이해하는 방식이다.

그렇다면 '에지 케이스'가 발견될 때마다 계속해서 새로운 범주를 추가하면 문제는 해결되는 것 아닌가? 그럴 것 같지만 간단하지 않다. 범주를 추가할 때마다 자의성의 늪에 쉬이 빠진다. 붉은 줄과 노란 줄이 번갈아 새겨진 화려한 셔츠를 떠올려 보자. 붉은 줄이 있는 노란색 셔츠인가 아니면 노란 줄이 있는 붉은색 셔츠인가? 교통경찰을 표시하려고 하는데, 제복을 갖추어 입은 모범택시 운전기사가 사거리 복판에서 수신호로 엉킨 흐름을 정리하고 있다. 이 사람을 교통경찰이라고 표시해야 하나 말아야 하나? 먹을 수 있는 과일을 다 표시하라고 한다. 팔등신의 모델이 샛노란 감귤을 들고 선 모습이 거울에 비친다. 이 감귤은 먹을 수 있는 과일로 표시해야 하나 말아야 하나? 처음에는 표시하는 일이 지루할 수는 있어도 그 자체는 지극히 단순한 것으로 생각하기 쉽다. 그런데 실상은 다르다. 갈수록 이상한 것들이 튀어나온다. 실리콘밸리의 엔지니어가 익명으로 케냐 나이로비의 아르바이트 대학생에게 – 일의 종류, 숙련도, 역할 등에 따라 일급 3달러에서 25달러 정도가 지급된다 – 전달하는 지침서는 매일 두꺼워져만 간다. 묘한 것이 튀어나올 때마다 지침을 정교하게 하달해야 하기 때문이다. 아르바이트생은 지성이 있으나 작동시켜서는 안 되는 기계가 된다. 왜 이것은 교통경찰로 표시하고, 왜 저것은 아니라고 표시하는 걸까? 이런 질문은 금물이다. 그냥 지침서에 나온 대로 실행하는 무지성 기계가 되어야 한다.

니체는 범주를 비판하였다. 변덕스러움을 제거한 안정적인 것으로, 파격은 일어날 일이 없는 예측 가능한 것으로, 손아귀에서 놀릴 수 있는 소유물로 세상을 포섭하려는 인간의 욕망이 범주를 만들어내는 동기였기 때문이다. 은하 가락, 초은하단, 은하단, 은하군, 은하, 그리고 다시 한 은하의 중심으로부터 2만 7천 광년 떨어진 1천5백억 킬로미터의 지름을 가진 태양계, 그리고 태양계의 한 별에 지나지 않는 지구. 인간의 상상력을 초월하는 무한 우주 속, 어쩌면 티끌이라고 부르는 것도 가당찮은 지구라는 행성의 표면에 달라붙어 사는 인간이 세상의 주인 노릇을 하려고 발명해 낸 것이 바로 범주다. 영속적이지도 않고, 불변하는 가치를 지닌 것도 아니고, 인간 이외의 생물에게도 가치를 갖는 범용적인 것도 아니다. 태양이 빛을 잃고 칠흑 같은 어둠과 냉기가 엄습해 올 때 아무런 흔적도 없이 사그라들 인간이 발명한 하찮은 것이 범주와 그 범주를 엮어 만든 지식이다. 인간에 의한, 인간만을 위한, 인간을 스스로 위로하고자 하는 욕망의 산물이다.

위조된 진리를 향한 욕망에 사로잡힌 인간이 맨 먼저 벌이는 일은 물비늘처럼 끊임없이 형상이 변화하는 존재를 언어로 고정하는 일이다. 삼나무, 전나무, 돌배나무, 감나무, 살구나무, 느티나무…. 모두 다른 것들이지만 공통의 인자를 추출한 후 '나무'라고 규정한다. 색채, 굴곡, 감촉,

모양의 차이가 만들어내는 독특함과 생생함은 홀대받고 빛을 잃는다. 사실 범주는 신기루 같은 것이다. 없는데도 있다고 우기는 꼴이며, 더 어처구니없는 대목은 허구적 범주에 맞추어 거꾸로 무엇이 나무인지 아닌지를 재판장처럼 판단하는 것이다. 범주에 포섭되는 순간, 냉랭한 눈으로 공통 요소를 파악하고 깨달았다고 생각할 뿐, 나긋하게 오래도록 바라보며 사물 자체의 독특함과 생생함을 느끼는 '육감적인 지각'은 끼어들 길이 없다.

우버 자율주행 시스템과 니체의 철학은 서로 대척점에 서 있다. 세상을 이해하는 방식이 다르다. 범주를 통해 세상을 이해하는 전자가 승리하는 길은 자동차, 자전거, 보행자가 다닐 부분을 명확하게 분절해 주는 것이다. 자전거는 절대 끌지 말 것. 앞머리에 플라스틱 쇼핑백을 걸지 말 것. 자전거길에서만 타고 다닐 것. 이런 식으로 미리 정돈해 놓았다면, 반들거리는 쇼핑백을 걸고 핸들을 잡고 질질 끌며 도로를 건너는 일은 처음부터 아예 발생하지 않았을 것이다. '붉은 줄이 있는 노란색 셔츠인가, 아니면 노란 줄이 있는 붉은색 셔츠인가?'라는 질문 자체가 생기지 않도록 길거리에 나올 때는 줄무늬 옷은 입지 말고 단색으로 통일하도록 정리해 주는 것도 필요하다. 모범택시 운전기사는 아예 교통경찰 자원봉사로 활동하는 것을 금지하면 된다. 각자 할당된 공간에서 주어진 역할만을 수행하도록 규칙을 짜고 틀에 맞추어 세상을 돌리는 것이다.

　모든 것이 예측 가능한 범주로 명확하게 분절된 도시는 '에지 케이스'가 발생하지 않는 곳이다. 아니 발생하지 못하도록 차단한 도시다. 명료하게 정리되고 할당되어 있기에 충돌이 사라지고 모든 상황이 물 흐르듯 흘러가는 도시다. '에지 케이스'가 발생하지 않는 도시는 관리하기가 용이하다. 관리를 하려면 목록을 만들 수 있어야 하고, 그러려면 모든 것들이 명확하게 범주로 구분되어야 한다. 현관, 안방, 거실, 취미실, 부엌, 식당, 욕실 간의 경계가 뚜렷해야 한다. 주택, 사무실, 카페, 빨래방, 도서관, 체육관 또한 명료하게 구분되어야 한다. 집은 집, 상가는 상가. 공원은 공원, 도로는 도로여야만 한다. 집과 상가는 건축과, 도로는 도로과, 공원은 녹지과로 분절하여 나누어 줄 수 있어야 한다. 깔끔하게 조각으로 분절된 두부처럼, 애매한 구석이나 중첩되는 영역 없이 모든 것들에 명증하게 이름 표를 달아 줄 수 있어야 한다. 사발이 컵이 되고 현관이 서 재가 되며 거실이 소극장이 되는 상상의 자유를 상실당한 채, 분류를 위한 시스템이 만들어낸 환원 도시라는 어항에 갇혀 입만 뻐끔뻐끔하며 살아가는 금붕어 같은 인생이다.

반면에 니체에게 사물의 의미는 고정되어 있지도, 하나 의 범주로 정돈되어 있지도 않다. 그가 은유를 사랑한 이 유다. 은유는 명증하게 잘라 놓은 범주들이 구축한 허상에 가린 사태의 진상에 이르는 육감적인 지각이다. 범주를 만 들어내려는 욕망을 깨부순다. 범주를 교란하고 틈새를 파 고들며, 갈린 것들을 이어주고, 생생한 미지의 진실에 다 다르는 원시적 충동이 바로 은유다. 범주에 갇힌 죽은 지 각을 넘어 살아 꿈틀거리는 사물의 생생함을 포착하는 은 유의 눈으로 세상을 바라보는 것은 인간이 짐승이 아니라 인간임을 확증하는 증거라고도 하였다. 예술이 존재하는 이유는 은유의 눈으로 세상을 바라보는 육감적인 지각을 여전히 소유한 이들 덕이다. 빠져나갈 수 없는 촘촘한 범 주의 그물에 갇힌 현실 세계를 찢어 탈출하고 이면에 자리한 진상의 세계를 격정적으로 보여 준다. 원시림이 내뿜는 새벽녘 공기처럼 신선한 사물의 모습이 부유해 올라온다. 화려하고 빛나며 비정형적인 몽상의 세계가 펼쳐진다. 니체가 예술을 찬미한 까닭은 여기에 있다. 예술가는 반동적이고 도전적이며 혼돈에 빠지는 것을 두려워하지 않는다. 환원 도시라는 어항 속에 갇혀 죽은 자가 되는 대신 육감적 지각으로 세상을 바라보며 미답의 영역으로 진입하는 초인이다.

니체가 이야기하는 은유는 신비로운 몽상가의 사변처럼 들리지만, 꼭 그런 것은 아니다. 예를 하나 들어 보자. 달걀은 돌멩이다. 맞는 말일까? 달걀은 달걀이지 어떻게 돌멩이가 된다는 말인가? 전쟁통이다. 시가지 한 귀퉁이에 자리한 가정집에 느닷없이 난입해 들어온 적군이 아들에게 총을 쏘려 한다. 아버지라면 한 치의 망설임도 없이 눈앞에 보이는 달걀을 들어 적군에게 내던질 것이다. 그의 균형을 무너뜨려 오발을 유도하고 아들이 벽 뒤로 몸을 숨길 시간을 벌어주려는 것이다. 이때 달걀은 돌멩이 아닌가? 과연 인공지능이 달걀을 돌멩이로 읽어 낼 수 있을까? 프라이를 멋지게 만들어내는 휴머노이드가 고객에게 총을 겨누고 있는 강도를 향해 달걀을 움켜쥐고 돌멩이처럼 내던질 수 있을까? 인간의 두뇌는 50와트의 에너지면 충분히 상황을 이해하고도 남지만, 인공지능은 수십 대의 컴퓨터와 연산 카드를 돌리느라 어쩌면 수만 와트의 전기를 소진하고 수백 리터의 냉각수가 동원되는 지극히 비효율적인 일을 벌인 후에야 상황을 이해할는지 모른다. 그리고 사실 인공지능이 달걀을 돌멩이로 본다고 하여도 여전히 남은 일은 간단하지 않다. 엄지와 검지로 달걀을 살포시 들고 보조 기구에 부딪혀 깬 후 프라이를 만드는 것과 모든 손가락을 오므려 달걀을 집어 들고 적군을 향해 던지는 것은 완전히 다른 문제다. 손가락이 달걀을 집어 드는 방식, 악력의 세기, 거리감, 어느 정도 힘으로 달걀을 던져야 할지의 결정 등 과정이 복잡하다. 그리고 발을 움직이고 가슴을 틀어 적군을 정면에 두는 일을 먼저 실행한 후 손목은 젖히고, 팔꿈치와 어깨 관절을 연동하여 접었다가, 팔을 한껏 뻗어 내던지는 일을 실행해야 한다. 인간은 인공지능과 달리 상황에 따라 달라지는 사물의 의미를 역동적으로 읽어 낸다. 상황에 맞도록 때마다 적절한 자세를 만들고 적절한 행동을 감행한다. 인간 앞에 선 세계는 의미가 고정된 사물의 집합이 아니다. 인간은 은유의 눈으로 세계를 바라보고, 사물은 그럴 때마다 예측하지 못한 새로운 의미를 품고 우리 앞에 나타난다. 참을 수 없을 정도로 진부하고 지루해 보이는 세상이 여전히 신비로운 이유다. 니체는 말한다.

"은유로 세상을 바라보는 것은 단 한 순간도
져버릴 수 없는 인간의 가장 근본적인 추동력이다.
만일 은유를 통해 세상을 보는 것을 멈춘다면
그것은 인간성 자체의 종말을 의미한다."

인간의 징표는 은유로 세계를 바라보는 것이고, 이는 인공지능, 그리고 인공지능을 장착한 휴머노이드가 세상을 바라보는 방식과는 근본적으로 다르다. 은유의 사유를 잃어버린 인간은 적군이 아들에게 총을 쏘려는데 눈앞에 놓인 달걀을 달걀로밖에 볼 수 없어 던지지 못하고 결국은 아들을 죽게 만드는 기계와 진배없다. 니체가 말한 인간성의 종말이다. 달걀이 돌멩이로 보이는 은유에는 부정(父情)과 같은 사랑이 깔려 있다. 휴머노이드가 달걀을 돌멩이로 보지 못하는 근본적 까닭은 인간애가 발동하지 않기 때문이다. 그래서 냉철한 알고리즘을 통해 기술적으로 문제를 풀고자 접근한다. 복잡한 알고리즘을 고안하고 온갖 시행착오를 거쳐 맥락을 읽어 내고 달걀을 돌멩이로 보는 휴머노이드가 드디어 나타났다고 치자. 애정은 없으나 은유의 눈으로 세상을 보는 휴머노이드! 반가운 일만은 아니다. 오히려 끔찍하다. 인공지능이 정말 은유의 눈으로 세상을 바라보는 것처럼 느껴질 때, 세상의 운명은 마치 핵무기의 버튼을 맡긴 것처럼 인공지능의 손아귀에 놓이는 것이다. 휴머노이드가 특정 상황에서 어떤 판단을 내릴지 아무도 모르는 공포의 세계 속으로 진입하는 순간이다. 휴머노이드의 진화가 마무리되는 종착지에는 과연 어떤 운명이 우리를 기다리고 있을까?

은유를 인간성의 징표로 규정한 니체는 신화도 긍정했다. 크리스털처럼 빛나는 두 개의 뿔을 달고 윤기가 흐르는 가죽을 덮고 온몸에서 꽃향기가 나는 황소는 제우스의 화신이다. 페이시스트라토스가 아테네로 입성할 때 꾸몄던 일도 좋은 예다. 사람들은 아테네의 시장을 돌며 아름다운 말을 앞세워 마차를 몰고 있는 한 여인을 마차를 발명한 아테네 여신으로 바라보았다. 톱날을 대는 순간, 제발 아프니 베어내지 말라고 말을 걸어오는 나무는 님프의 화신이다. 황소는 제우스 신이며, 마부는 아테네 여신이고, 나무는 님프다. 눈에 보이는 것은 보이는 대로가 아니라 무언가의 화신이다. 다른 것으로 변신하고 나타난, 그래서 이면에 무엇이 숨어 있는지 알 수 없는 가면무도회장의 신비로운 주인공들이다. 겉모습만 보고 이들을 함부로 대할 수 없다. 누군가를 그리고 무언가를 대하는 우리의 태도를 정화한다. 몸가짐과 언행을 조심하며, 멸시와 홀대가 아니라 애정과 존중을 담아 대한다. 신성함을 감지하는 감수성도 살아난다. 범주론 신봉자가 보면 신화는 쓸모없는 허구적 이야기일 뿐이다. 니체에겐 그렇지 않다. 범주가 만들어내는 세상이 오히려 더 허구적이다. 그리고 신화의 눈으로 세상을 바라보는 것은 쓸모가 있다. 신화는 눈

앞에 선 그것이, 그것 이상의 또 다른 가치를 지닌 신비로운 존재라고 이야기한다. 그리스인들이 인류사에서 뛰어난 예술 문화를 이룩한 것도 모든 존재를 몽상에 잠긴 것 같은 신화의 눈으로 바라보았기 때문이다. 냉철한 이성주의자 아폴로보다는 약간의 취기가 오른 디오니소스를 더 중요한 신으로 본 이유이기도 하다.

니체가 은유와 신화의 가치를 일깨운 글을 집필한 때는 19세기 말이다. 중세 도시가 메트로폴리스로 거침없이 변모해 가는 과정에서 범주의 횡포를 목도하고 사물이 상호 교차하고 관입하는 은유의 사유를 그려 냈다. 약간은 취기가 오른 디오니소스주의자의 사변처럼 들릴지라도 거대한 계량화의 흐름을 거스르는 목소리를 홀로 당당히 토해 내는 영웅의 풍모가 느껴진다. 한 세기 이상 홀쩍 시간이 흐른 지금도 그가 외쳤던 은유의 사유는 사그라지지 않았다. 애매한 것을 배제하고 명료하게 분절해 놓은 범주가 우위를 점한 일상에서도 여전히 니체가 긍정한 신화적 사유는 살아 있다. 사발에 커피를 따라 마실 때, 니체의 후손이 된다. 사발을 물고기 몇 마리 넣어 두는 어항으로 쓸 때도 마찬가지다. 책상은 밥상도, 침상도, 탁구대도 된다. 벽난로 옆 데이베드는 불을 쬐는 벤치, 먹을 것을 잠시 올려 놓는 탁자, 둘러앉아 카드 게임을 하는 돗자리, 그리고 에로틱한 사랑이 불타는 욕망의 침대로 변신하기도 한다. 바닥과 한 치의 틈도 없는 수평 자세를 한 채 궁극의 평화가 약속된 정토(淨土)로 떠나는 임종의 침상으로 쓰일 수도 있다. 집은 때로는 극장이다. 안방은 백스테이지, 거실은 무대, 로프트는 발코니석이 된다. 침을 퉤 뱉었던 도로는 예루살렘이나 메카를 향해 자리를 깔고 무릎 꿇어 기도하는 순간, 성소가 된다. 전쟁 통에는 공중변소가 – 제2차 세계대전 당시 파리에서 벌어진 일이다 – 레지스탕스의 접선 장소가 되기도 한다. 순전히 기하급수적으로 늘어나는 교통량 수용을 목적으로 만든 16차선 대로는 독재정권 타도와 민주주의 정착을 외치던 민의의 함성이 울려 퍼지는 아고라로 바뀌기도 한다. 우리는 21세기에도 니체가 찬미하던 은유의 능력을 여전히 소유하고 발휘하고 있다. 도시 곳곳에서 고정된 범주를 거부하고 끊임없이 자기가 아닌 다른 존재로 변신하는 일이 벌어진다. 어쩌면 도시는 니체가 꿈꾼 은유와 신화의 반고정적 속성이 가장 잘 드러나는 무대가 아닐까? 인간의 근원적 속성인 은유로 세상을 바라보는 일을 멈춘다면 그것은 인간성 자체의 종언이라는 니체의 말을 다시 상기해 본다. 그렇다면 만사를 명료하게 분절된 범주로 정돈하여 애매한 것들을 완벽하게 제거해 낸 환원 도시가 탄생하는 그날이 바로 인간성 자체의 종말이 오는 날 아닐까?

얼마 전 양평에 자리한 〈메덩골 정원〉을 방문하였다. 이곳에는 니체의 철학을 생각하며 칠레의 건축가 부부인 페소와 본 에릭사우엔이 디자인한 '니체의 미로'라고 불리는 특별한 정원이 있다. 경계를 넘는 상호관입과 내가 아닌 다른 것이 되는 탈자(脫自)의 가능성을 역설하고, 가면무도회에 온 것처럼 경이로움과 신비로운 마음으로 세상을 바라보라고 한 '니체'의 이름을 21세기에 그것도 대한민국의 한 고요한 산골짝에서 들으니 초현실적이다.

지름이 다른 실린더 여섯 개를 겹쳐서 만든 미로다. 높은 남쪽 둔덕에 자리한 입구로 들어서면 전체 구성이 읽힌다. 직경 30여 미터의 거대한 실린더 안에 다시 다섯 개의

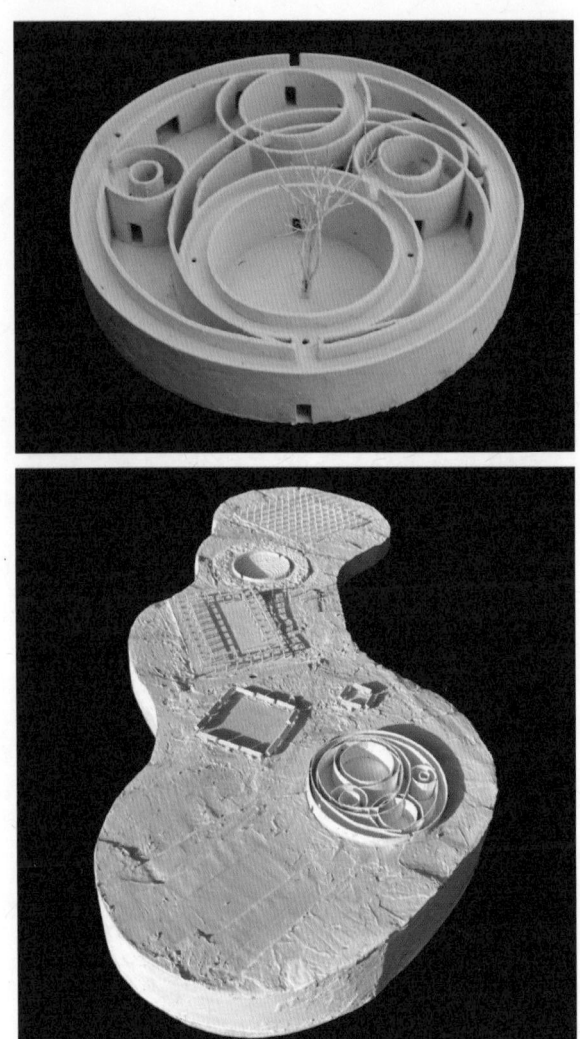

† 〈메덩골 정원〉의 니체의 미로

실린더가 들어앉아 있다. 원주를 따라 서로 부드럽게 맞닿거나 곡면을 파고 들어가며 역동적으로 얽혀 있다. 동그랗게 편 밀가루 반죽 곳곳을 다양한 직경의 도넛링 커터로 찍어낸 것 같기도 하다. 직경 16미터, 높이 5미터의 실린더 안에는 소나무 한 그루가 외로운 영웅처럼 서 있다. 거친 바위 속에 뿌리를 내리고 비바람을 맞으면서도 하늘을 향해 뻗어가는 소나무와 같이 살라는 니체의 주문인가? 지면에서 5미터 남짓 올라와 있지만, 무한히 높은 곳에서 세상사를 꿰뚫어 보며 은은한 미소를 짓는 신의 시점을 맛보는 것 같아 달콤하다. 둔덕 반대편 낮은 지면에 있는 입구를 통과하면 다른 세상이 펼쳐진다. 신의 시야가 깡그리 사라지고, 바닥에 붙어 더 이상 전체를 가늠할 수 없는 인간의 시야로 되돌아온다. 도넛링 커터로 찍어내고 남은 반죽 쪼가리 같은 형상의 곡면, 바닥, 뚜껑, 기둥, 구멍, 길, 방이 모여 뛰노는 것 같은 세상이다. 반듯한 축은 어디에도 존재하지 않는다. 한 곳에서 모든 것을 일시에 조망하는 신의 시선은 아예 불가능하다. 신체를 끊임없이 움직여가며 위치를 조정하고 방향을 틀어야 뭔가를 볼 수 있다.

어둡고 밝고, 트이고 막히고, 높고 낮고, 차갑고 따뜻하고, 뒤틀리고 우아하게 휘어 있다. 범주로 못 박을 수 없는 비결정적 순간의 연속이다.

은유의 반고정적 속성이 한껏 발산되는 미로를 거닐다 보니 떠오르는 문구가 하나 있다.

"춤추는 별을 낳으려면 혼돈이 불가피하다."

니체의 명언 중 하나다. '춤추는 별' 그리고 '혼돈'은 무엇을 의미할까? '혼돈'이라는 말이 부담스러워 살짝 바꾸어 본다.

"춤추는 별을 낳으려면
은유로 세상을 바라보는 일을
게을리해서는 안 된다."

내친김에 한 번 더 치환해 본다.

"춤추는 도시를 낳으려면
은유로 세상을 바라보는 일을
게을리해서는 안 된다."

역동성, 생산성, 신비로움을 갖춘 미답의 삶의 무대인
춤추는 도시! 범주로 나누고 가르고 구획하는 방식으로 효
율적인 도시는 만들 수 있을지언정 니체가 암시하는 살아
서 춤추는 도시가 되는지는 의문이다. 로렌체티의 그림에
등장하는, 시에나의 활기찬 광장에서 손에 손을 맞잡고 흥
에 겨워 춤을 추던 아홉 명의 젊은이처럼, 시민들이 행복
함에 젖어 자발적으로 춤을 추는 도시가 되는지는 의문이
다. 효율적인 도시를 넘어 춤추는 도시를 꿈꾼다. 이 꿈에
도달하는 도정에선 범주의 사유를 넘어, 또 다른 사유의
세계로 진입해야 한다. 체계를 전복하고, 끊긴 것을 잇고,
애매함을 포용하고, 이것이 저것이 되는 신화적 다의성을
수용하는 은유의 사유가 바로 그것이다.

나가며

정의와 도시

    건축계의 노벨상인 프리츠커상을 수상한 야마모토 리켄은 한 언론사가 주최한 '공간 혁명: AI 시대의 공간 재구조화'를 주제로 한 포럼에서 청중들이 기대했던 것과는 전혀 다른 이야기를 들려주었다. 설계 자동화, 하늘을 나는 택시, 자율주행차와 같은 현대 기술문명의 성과로 공간 혁신을 이루려는 기대에 부푼 청중 앞에서 야마모토는 오히려 모여 사는 방식의 혁신이 시급하다고 주장하였다. 최대 용적, 최대 이윤, 단순 집적, 사적 공간 극대화가 주도하는 공동주거 건축의 혁신에 관한 자신의 견해를 나누었다. 자그마한 동네 단위로 공동체를 만들어 소규모 경제활동을 촉진하고, 이를 통해 파편화된 사람들을 이어주는 공동주거 건축을 상상하도록 주문하였다. 사람들이 서로 연결되면 국가 세수 절약에도 도움이 된다. 제도가 강요하지 않아도 서로 돌보는 삶이 가능해지기 때문이다. 아이를 잠시 옆집에 보내고 외출하는 것, 팬데믹 기간 동안 약품을 챙겨 문 앞에 가져다주는 것, 병약한 노인의 상태를 자연스럽게 파악하는 일이 모두 실현된다.

세상에는 야마모토의 이야기처럼 이미 진보한 모여 살기 방식을 택한 곳도 많다. 덴마크의 코이에(Koge)라는 도시에선 마흔다섯 세대가 같이 집을 짓고 모여 산다. 비영리재단의 도움을 받아 시세보다 20퍼센트 저렴한 가격에 질은 훨씬 더 좋은 공동주거를 지은 것이다. 완공 후 3년이 지났지만, 원룸에 살던 한 젊은이가 코펜하겐으로 직장을 옮겨 새로운 사람으로 바뀐 것 말고는 모두들 죽을 때까지 떠나려는 기미가 없다. 요리를 좋아하는 그룹이 만드는 식사 자리에는 항상 70퍼센트 이상의 구성원이 참여하여 떠들고 논다. 토지와 건물은 조합이 소유하고, 구성원은 이를 임대해 거주하며, 주민 자치로 공동체의 관리와 운영을 맡는 곳도 많다. 태양광과 풍력을 활용한 친환경 에너지로만 살아가는 에코 공동체를 기획하고 있는 곳도 많았다.

공동주거는 넘쳐 나지만 정작 행복한 모여 살기는 아직도 요원한 우리나라에서 곱씹어볼 장면들이다. 우리는 누구를 위해 그리고 무엇을 위해 공동주거를 개발해 왔던 것일까? 모여 사는 감각을 다시 회복하고 공동체의 구성원으로 살아가는 시민의식의 배양은 어떻게 가능할까? 국가는 어떤 제도로 양질의 공동체를 만들어 살아 보려는 시민들을 지원해 왔던 것일까?

야마모토의 이야기는 사실은 2,300여 년 전 아리스토텔레스가 한 이야기와 유사하다. 막힘없는 물류와 정보의 유통, 범죄 예방, 전염병 예방은 물론 중요하다. 하지만 이것들이 도시의 존재 이유는 아니다. 도시의 존재 이유를 서비스 관점에서 바라보다 보니 생기는 착각이다. 아리스토텔레스는 사람들이 모여 살기로 한 좀 더 근본적인 이유를 제시한다. 바로 '부족함', 즉 결핍에 대한 자각이 타자와의 연대를 추구하게 만들었다는 것이다. 자각은 스스로의 완전함에 대한 발견이 아니고 부족함에 대한 발견이다. 부족함을 메우는 해법은 무엇일까? 자기 수련을 통한 능력 향상으로 해결할 수 있는 것일까? 일정 부분까지는 가능하겠지만 중국에는 비효율적인 길이다. 모든 사람이 르네상스의 천재가 될 수도 없고 될 이유도 없다. 타고난 능력에 차이가 있고 시간과 자본도 많이 든다. 천재들이 모여 사는 또 다른 르네상스 시대가 되기를 꿈꾸기보다 내 안의 결핍을 인정하고 타인과의 연대를 통해 더 큰 '나', 즉 '우리'로 나아가는 열망의 근원으로 삼아야 한다. 이것이 훨씬 효율적인 삶의 방편이다. 결핍의 인지, 다시 말해 자각이 연대를 유도하고 이 연대의 가장 최종적인 결과물이 바로 도시다. 가장 아름다운 연대의 형태는 목숨을 걸고 펼치는 도시를 지키기 위한 항전이다. 소아시아 지역을 점령한 페르시아 제국으로부터, 미케네의 스파르타로부터, 가족과 동료 시민의 삶의 터전인 아테네를 지키기 위해 목숨을 건 연대를 한다. 공동의 존속과 번영을 위해 목숨을 걸 정도로 타인과 긴밀히 연대하기 위해서는 정의라는 원리로 도시국가를 돌리는 것이 가장 중요하다고 아리스토텔레스는 이야기한다. 때로는 타자와의 긴장 관계와 충돌을 피할 수 없다. 수사를 습득하고 공적 장소에서 지혜로운 배심원들이 지켜보는 가운데 대화를 통해 공동의 타협점을 찾아 나가는 노력인 정치가 발전한 이유다.

『정의란 무엇인가』의 끝머리에서 샌델이 공동선의 실천을 위해 제안하는 것도 아리스토텔레스나 야마모토의 이야기와 같은 맥락이다. 샌델은 공공시설의 갱신을 이야기한다. 공공시설의 가장 중요한 기능은 낯선 이들을 모아 서로 조우할 수 있는 기회를 제공하는 것이다. 예를 들어 도서관은 책을 보러 가는 곳이지만, 그보다 중요한 기능은 사람을 모아 주는 지속적인 무대라는 사실이다. 이 무대의 존재는 '배움' - 루이스 칸이라는 건축가는 선생인지 모르는 사람과 학생인지 모르는 사람이 만나 그늘에서 나누는 이야기를 배움이라고 하였다 - 이라는 인간의 근본적 열망에 뿌리를 두고 있다. 피 한 방울 섞이지 않은 두 타인이 만나 만들어내는 인연 중 하나인 '사제지간'이라는 관계에 기초한다. 고대의 현자를 만나는 자리이자, 직접 만날 수 없는 동시대의 선생을 만나는 자리이기도 하다. 이뿐만이 아니다. 배움을 좇아 온 다른 사람들을 동료로 맞이하는 장소이기도 하다. 서로 다른 부류의 사람이 만날 수 있는 판이 확장될수록 공공시설로서 도서관의 역할은 성공적이다. 다양한 사람들이 조우하며 무언가 새로운 삶의 이야기가 만들어질 가능성을 잉태한 포용의 무대가 된다.

포용의 무대가 마련되어 만날 수 없던 사람들이 이어지는 기이한 풍경을 접하면 초현실주의의 그림을 보는 것 같은 착각을 하게 된다. 방직기계, 비둘기, 와인병, 형광펜, 호수처럼 별로 연관성이 없는 것들을 서로 겹치듯, 각자의 영역에서 쳇바퀴를 돌던 개인들이 겹친다. 영국 케임브리지의 시립도서관에서 보았던 장면이 떠오른다. 예닐곱 개의 낡은 쇼핑백을 의자 옆에 잔뜩 늘어놓은 사람이 기다란 공용 테이블 한쪽에 앉아 책을 읽고 있었다. 누가 보아도 노숙자가 분명했다. 테이블의 반대편에는 케임브리지대의 노교수, 그 옆에는 남자아이, 그리고 그 아이를 도와주는 사서가 앉아 있다. 노숙자, 노교수, 아이, 사서. 한자리에 모이기 어려운 사람들이 같은 테이블을 공유하며 마주하고 있다. 초현실적이다. 인종, 언어, 세대, 성별, 학력, 계층의 차이를 넘어 사람들이 조우한다. 억지로 강요하지 않지만 만날 수 없었던 사람들이 만난다. 도서관 같은 공공시설이 이렇게 서로 만날 수 없는 사람들을 모아 주는 장치로 작동할 때 시민 간에 유대감이 생겨나며, 고립을 넘어 차이를 포용하는 더 큰 공동체를 구현하려는 의식이 은연중 자라난다. 샌델의 말처럼 공공시설은 나와 다른 이를 대면하고 어떻게 모여 살지 궁리하게 만드는 비공식적인 교육의 장소다.

'도서관의 도시' 전주에서도 비슷한 느낌을 받았다. 마치 볕 좋은 가을날 전깃줄에 나란히 줄지어 앉은 참새떼를 보는 것 같았다. 아이 둘, 중학생 소녀, 할아버지와 할머니 두 분, 아주머니가 나란히 앉아 있다. 처음 만난 사이지만 일렬로 놓인 다양한 모양의 푹신한 소파와 의자에 앉아 똑같은 자세로 똑같은 풍경을 응시하고 있다. 먼 산봉우리를 소실점으로 삼아, 듬성듬성 들어선 아파트, 3층에서 5층 높이의 잡다한 상가용 건물, 땅딸막한 단독주택이 저지대를 메우는 평범한 지방 도시의 풍경이다. 하지만 언덕 위 높다란 곳에 자리한 건물의 깊은 처마가 드리우는 그림자 속에 들어앉아 유난히 파란 하늘 아래 밝은 빛이 듬뿍 쏟아지는 도시의 풍경을 바라보는 일은 특별하다. 용수철처럼 어디로 튈지 모르는 에너지를 가진 아이들도 껌딱지인

양 의자에 달라붙어 풍경에서 눈을 떼지 못하고 있다. 이 풍경에 방방 뛰는 혈기를 누그러뜨리는 마력이 내재해 있단 말인가? 아트리움 한쪽에 자리한 철제 계단을 따라 올라가면 또 다른 세상이 펼쳐진다. 바깥으로 갈수록 낮아지도록 계단식으로 디자인한 옥상 테라스가 기다리고 있다. 아래층의 침잠한 동굴을 떠나 광활한 광명의 세계로 기어 올라온 것 같다. 모든 것이 하늘 아래 적나라하게 드러나는 투명감이 그지없이 시원하다. 테라스에선 새벽이나 늦은 오후 요가 모임도 하고 주말에는 야외 공연이나 시 낭송 모임도 열리곤 한다.

이 도서관은 어떻게 탄생하게 되었을까? 키즈카페에 가서 놀다가 올린 사진들이 치밀한 분석의 먹잇감이 되어 순진무구한 아이의 마음에 상처를 낸다. 놀이기구, 가구, 카펫, 조명, 음식, 바닥, 벽체, 천장을 살펴보고 키즈카페의 급을 매긴다. 아이들과 부모를 그룹별로 가르는 분류표의 근거로 사용된다. 도서관을 만든 지자체장은 차별의 세계로 내던져져 순진무구한 마음에 금이 간 아이들을 생각하게 되었다. 멋진 카페에 보내고 싶어도 그럴 수 없는 부모의 마음을 생각하게 되었다. 멋진 도서관을 만들어 아이들에게 놀이공간으로 제공해야겠다는 결심이 섰다. 사진을 찍어 올리면 "와 멋지네! 이거 어느 키즈카페야?"라는 질문이 돌아오는 그런 도서관을 도시 곳곳에 만들어내는 것이 목표였다. 하나를 완성할 때마다 지자체장과 직원들이 함께 마음을 모으고 머리를 싸매고 고난을 감수하며 창의력을 십분 발휘하였다. 동네에 키즈카페보다 좋은 도서관이 있다면 굳이 비용을 내고 갈 필요가 없다. 도서관에 모여드는 것은 아이들뿐만이 아니다. 동네 사람들의 사랑방 역할을 톡톡히 한다. 청소년, 청장년, 노인 구분 없이 마실 나오듯 얼굴을 비춘다. 전주 시민들, 그리고 외지인들도 자주 방문한다. 상상을 해 본다. 20여 년 후 이 나라를 이끌어 갈 창의적인 인물 가운데 상당수는 아마도 이 도서관에서 청소년기를 보낸 아이들이 아닐까 하고 말이다.

도시가 다양성을 배척하고, 더 나아가 편견까지 조장한다면 어떻게 될까? 우리가 살고 있는 도시는 어느 쪽일까? 거리를 걸으면 누가 딱히 가는 길을 막아서지는 않기에 도시는 우리가 자유를 만끽할 수 있도록 배려하고 있는 것 같다. 나의 선택으로 자유롭게 누구든 만날 수 있다고 생각한다. 하지만 이는 착각이다. 도시는 누구를 만날 수 있고 누구를 만날 수 없도록 어느 정도 틀을 짜 놓았다. 어느 공간은 들어가도 괜찮은 곳이지만 어떤 곳은 아니다. 우리도 모르는 사이에 도시는 차별을 고착시킨다. 세대로, 계층으로, 언어로, 인종으로 나눈다. 각각 할당된 공간 안에서 빙빙 도는 일상을 살도록 유도한다. 폐쇄회로 안에서 자유롭다고 착각하며 맴도는 것이다. 어떤 시설들은 우리의 시야에서 아예 강제적으로 지워버리기도 한다. 탄생의 순간부터 누군가에, 어딘가에, 무언가에 차별을 강요하는 비정의의 도시다. 혐오시설을 지워버리고 상업시설, 업무시설, 아파트로 채운 도시는 세련되고 말끔하고 화려할지 모른다. 하지만 폐쇄회로에서 맴을 돌며 살다 보면 삶을 바라보는 시야는 자연스레 좁아지고, 편견은 쌓여 가고, 사유화의 욕망에 붙잡히게 된다. '생로병사'라는 삶의 스펙트럼은 균형을 잃고, 지속가능성, 즉 다면적이고 장기적인 시각에서 풀어가는 효율성에 대한 고민은 의식 속에서 아무런 흔적도 없이 사라진다.

책의 초반부에서 언급한 고대 아테네의 위대한 점은 다양성을 포용하는 도시공간 구조를 만들어냈다는 점에 있다. 단순히 다른 것이 아니라 반대편 입장에 선 사람과도 어떻게 접점을 찾을 수 있을지를 묻는 대화의 장을 공적인 제도로 승화시켰다는 사실에 있다. 누군가와 균형점을 찾아 나가려는 시도는 먼저 서로 다른 입장이 존재하는 것을 인정한다는 전제를 깔고 있다. 진리는 내가 이미 알고 있는 것이 아니라 다른 사람과의 대화 속에서 정립되어 나간다는 자기이탈적 태도다. 나와 남이 보는 것 사이의 조율을 통해 합의에 도달한다. 도시는 이런 조율과 대화가 일어나는 무대를 제공한다. 심포지엄이 열렸던 주거부터 그런 역할을 수행했다. 전문 지식이 아닌 지혜를 키우는 수수께끼 같은 질문을 던지고, 미지의 답을 찾아 나가는 곳이자, 피할 수 없는 갈등 속에서 적정한 균형점을 찾아가는 시민의식을 배양하는 첫 번째 출발점이었다. 야마모토는 현대 주거가 그리스의 주거처럼 사적 영역 안에 공적 성격을 갖춘 공간을 품는 것을 잊어버렸다고 지적한다. 내밀한 사적 욕망만을 충족시키는 공간으로 바뀐 현대의 주

거를 보고 시민의식의 가장 중요한 배양지인 주거의 역할
을 다시 상기시킨 것이다. 아테네에서는 주거지에서 시민
의식을 배양한 이들이 만나 이견을 조율하는 공공시설이
꽃을 피웠다. 프닉스, 아고라, 비극 극장, 신전 그리고 스타
디움이 좋은 예다. 모두 공동의 무대에서 독백이 아닌 대
화를 통해 상황에 대한 이해를 추구한다. 폭력이 아닌 수
사와 논쟁을 통한 경쟁, 타협, 승복, 융합을 지향한다. 세
상의 다른 곳에서는 무력으로 정복하고 지배하는 패권주
의가 판을 치던 때다. 다양한 목소리를 인정하고 조율하는
주거와 공공시설을 포진시킨 아테네라는 도시가 신기할
따름이다.

독백이 아닌 대화, 타자에 대한 포용, 차이가 드러날 때
균형을 찾아가려는 정의의 실천 – 이런 원리가 작동할 때
시민들의 연대가 단단해졌다. 도시 안에 사는 것을 자랑
스럽게 생각하고 필요하면 목숨을 걸고 그 도시를 지키는
운명공동체의 길을 걸을 수 있었다. 이런 전통은 9인회가
이끌던 중세의 시에나로, 공화정을 기반으로 한 르네상스
시대의 성곽도시로, 그리고 황제, 귀족, 시민이 서로 공존

할 길을 찾아 나간 근대기 오스트리아의 빈으로 이어진다. 19세기 중반의 파리에도 이런 전통이 깃들어 있다. 폭력적인 개조 과정을 주도한 오스만이 의도했던 것은 아니다. 하지만 그가 만들어낸 도시의 블록은 우연히도 모든 계층이 모여 사는 집합소가 되었다. 황족, 왕족, 귀족, 부르주아, 노동자, 고학생, 하인, 하층민까지 같은 블록 곳곳에 둥지를 트고 살아갔다. 오스만이 놓은 대로와 중세의 가로가 교차하는 코너마다 우후죽순 들어선 프렌치 카페는 상업 시설이지만 이들이 조우하는 공적인 무대 역할을 하였다.

지난 반세기 동안 유사한 것들을 집적한 동질화의 파고를 거부감 없이 올라탄 거대도시 서울에 '모노토피아'라는 별칭을 붙여 보았다. 지방 도시도 대안의 삶을 담아내는 도시를 만들기보다 모노토피아를 본보기 삼고 재빠르게 공간 개조 사업을 벌여 왔다. 낡은 주거 지구를 무작정 해체하고 고층 아파트 단지로 가득 채워 영광스러운 '노잼 도시'로 등극한 곳도 몇 군데 있다. 성장이 더 이상 불가능한 모노토피아의 미래는 원형탈모 도시다. 거대한 영역이 급속히 그리고 동시에 쇠락하는 다발성 원형탈모를 곳곳에서 경험할는지도 모른다. 모노토피아의 성과가 찬란하고 극적이었던 것처럼 원형탈모의 효과 역시 감당하기 어려울 정도로 전무후무한 모습일 것이다. 가파른 압축성장의 기세가 확 꺾였다. 인구 감소도 심각하다. 자연스레 모노토피아의 드라이브에도 힘이 빠졌다. 누구에게는 불행이지만, 집단 관점에서 보면 새로운 길을 모색하게 하는 행운일 수도 있다. 모노토피아가 만들어 놓은 거대한 면적을 채우는 동질성에 우울해만 할 필요는 없다. 모노토피아의 손길이 장악하지 못한 헤테로토피아의 정글도 곳곳에 남아 있다. 편견의 배양지 모노토피아는 우울하지만, 난잡하고 거칠고 조악한 헤테로토피아는 오히려 희망을 준다. 진흙탕을 뚫고 올라오는 경이로운 꽃대처럼 삶의 새로운 가능성을 포착한 무언가가 정글 어딘가에서 찬란히 솟아오를 것이다. 새로운 판으로 바꾸는 일을 상상할 때다. 단절시켜 버린 것들을 서로 잇고 새로운 흐름을 만들어내고 그 흐름 속에서 그동안 살아 보지 못한 삶의 시나리오를 탄생시켜야 한다. 베네치아의 〈통곡의 다리〉와 싱가포르의 〈천사의 마리아 교회〉 봉안당은 모노토피아의 여정에

나가며

서 희생된 것들을 돌아보고 새로운 판을 짤 때 작은 등불처럼 길을 밝혀 준다.

무한성장을 향해 거침없이 달려온 거대도시는 공동체를 해체하여 무작위의 군중으로 대체하고 개인을 파편으로 갈기갈기 갈라놓았다. 찰기가 없어 콧바람에도 쉬이 흩어져 버리는 인디카 품종의 쌀알 같은 신세가 된 개인들을 다시 찰기 있는 소규모 공동체로 묶어 내는 도시공간 구조를 고민해야 한다. 5,040이라는 이상적인 시민의 숫자를 제안한 플라톤, 혈연, 지연을 섞어 놓은 4천여 명 단위의 공동체 열 개를 운영했던 아테네, 5백여 명 규모의 소규모 공동체와 이를 열에서 스무 개로 묶은 중규모 공동체, 그리고 중규모 공동체를 다시 열에서 스무 개로 묶어 적정한 도시 규모를 산정한 빅터 파파넥, 얼굴과 이름을 알고 친근하게 지낼 수 있는 공동체의 규모는 150명, 그리고 얼굴 정도 알고 지내는 공동체의 규모는 5백 명 정도라고 이야기한 로빈 던바, '지역 사회권'을 주창하고 5백 명을 공동주거의 기준점으로 삼았던 야마모토 - 천만 개 파편의 우연한 집적으로 환원되어 버린 거대도시의 재편을 꿈꾸는 길목에서 한 번쯤 생각해 볼 만한 것들이다.

눈이 휘둥그레지는 제4차 산업혁명의 성과는 생각지도 못했던 기회를 안겨 주고 있다. 하지만 성과 자체에 환호하며 만병통치약처럼 삼을 일이 아니다. 거대도시의 공간 구조 재편과 동시에 기술 성과를 도입할 때 제대로 된 효과를 볼 수 있다. 도시의 공간 구조를 혁신하는 일 없이 벌이는 혁명적 기술의 도입은 거대도시가 낳은 문제를 풀려고 기를 쓰는 꼴이 되고 만다. 밑판을 바꾸지 않은 채 기술적 성과를 도입하는 것은 거대도시를 낳은 논리인 계량화, 표준화, 자동화, 비대면화를 한층 고도화하고 지능화할 뿐이다. 한계에 다다른 거대도시의 생명을 연장하는 길을 걷는 것이다. 이 도정의 끝자락에는 효율성의 저주가 기다리고 있다. 메트로폴리스의 암울한 장면이 떠오른다. 분절을 통해 극도의 효율성을 추구하는 메트로폴리스의 운영 원리가 인간 자신에게도 역으로 적용되는 반전이 일어났다. 인간의 해방이 아니라 숨은 쉬나 자유를 상실한 '철창'에 갇힌 조류 같은 신세로 전락한다. 20세기 초 막스 베버가 한 지적이다. 21세기는 우리를 '철창'에서 구원할까? 거대

　　　　　나가며

도시와 결합한 디지털 기술은 정교한 제어의 메커니즘을 더욱 발전시켜 나가고 있다. 자유로운 선택을 한다고 착각하지만, 사실은 조작의 결과일 수 있는 섬뜩한 시대에 살고 있다. '매트릭스'라는 신형 철창 속으로 은연중에 내몰리고 있는지도 모른다. 철창에 갇힌 인간의 비애를 꿰뚫고 초월자를 갈망한 메트로폴리스의 구원자 니체의 사유가 그리워진다. 매트릭스의 그물망을 뚫고 미답의 삶의 시나리오를 만들어 나가는 초월자의 철학을 누군가가 다시 논할 때가 다가온 것일까?

다행인 점이 있다. 중세 도시를 폭력적으로 개조한 결과 탄생한 새로운 도시 유형인 메트로폴리스에도 시민들이 의지할 수 있는 정박지가 형성되었다는 사실이다. 야만적인 파괴, 고막을 찢는 소음, 희뿌연 흙먼지로 가득 찬 황야 속에서도 생명의 싹을 틔우는 곳 – 바로 도시 자체의 위대함이다. 19세기 말에서 20세기 초까지 파리의 가로는 인류사에서 가장 활기찬 일상의 풍경을 담았다. 벨 에포크는 중세와 근세의 충돌, 타협, 승복, 포용, 융합이 만들어낸 것이다. 계층, 성별, 직업, 학력이 제각각인 사람들이 어우러져 함께 일상을 꾸려 가는 블록과 카페가 중추적인 역할을 하였다. 생명력이 꿈틀거리고 활기찼다. 무엇보다도 창의성이 자라나는 비옥한 배양지였다. 아쉽게도 아름다운 시절을 일구어냈던 용광로 같은 블록과 프렌치 카페는 이제 파리에서도 반쯤은 활력을 잃어버린 것 같다. 그렇다고 부활하지 말란 법은 없다. 또 부활의 무대가 반드시 파리여야 한다고 단정할 이유도 없다.

　새로운 부활의 터전 중 하나가 서울이길 바란다. 극도의 효율성을 추구하며 모노토피아로 정주행하던 중 이제 멈추어 서게 되었다. 걸어온 길을 반추하며 어디로 나아갈지 새로운 길을 놓아야 할 때가 다가왔다. 무엇이 우리에게 길잡이 별이 되어 줄까? 화려한 문명의 도시를 만들어온 도정에서 잊어버린 별은 무엇일까? 모여 살아가는 연대의 환희와 이로움을 오래오래 지켜줄 별은 어디에 있을까? 두꺼운 세월의 지층에 묻혀 흔적조차 희미해진 '정의'라는 별을 다시 발견하고 그 빛을 따라 길을 나선다. 끊긴 곳을 잇고 소통의 흐름을 만든다. 접점마다 시민들이 어울리는 용광로 같은 정박지가 움튼다. 다양한 사람들이 스스

럼없이 어울리고 소소한 일상의 이야기가 격의 없이 오간
다. 닥쳐올 재난과 재해 앞에 생명을 건 연대를 펼쳤던 중
세 성곽도시만큼은 아닐지 모른다. 하지만 이런 정박지는
공동체를 지탱하는 소중한 보루다. 차별을 공고히 하는 파
열의 길이 아닌 공존과 공동선을 향한 균형 감각을 배양할
것이다. 벨 에포크의 생동감이 깃든 아름다운 시절이 서울
에 머지않아 발아하기를 꿈꾼다.

이미지 저작권

독자의 이해를 돕기 위해 그린 경우와 작자미상 혹은 출처가 불분명한 사진을 제외하고는 책에 삽입된 모든 이미지의 저작권자 혹은 소장처를 기입했다.

(상)

(하)

정의와 도시 (하)

베네치아에서 서울까지
콜라주의 풍경

1판 1쇄 인쇄 | 2025년 7월 5일
1판 1쇄 발행 | 2025년 7월 20일

지은이   백진

펴낸이   송영만
책임편집   송형근
디자인   오정원
마케팅   임정현

펴낸곳   효형출판
출판등록   1994년 9월 16일 제406-2003-031호
주소   10881 경기도 파주시 회동길 125-11
전자우편   editor@hyohyung.co.kr
홈페이지   www.hyohyung.co.kr
전화   031 955 7600

ⓒ 백진, 2025

ISBN   978-89-5872-243-4 (04540)
          978-89-5872-241-0 (04540) (세트)

값 19,000원